マルチメディア 第2版
ビギナーズテキスト

松本 紳・小高和己 著

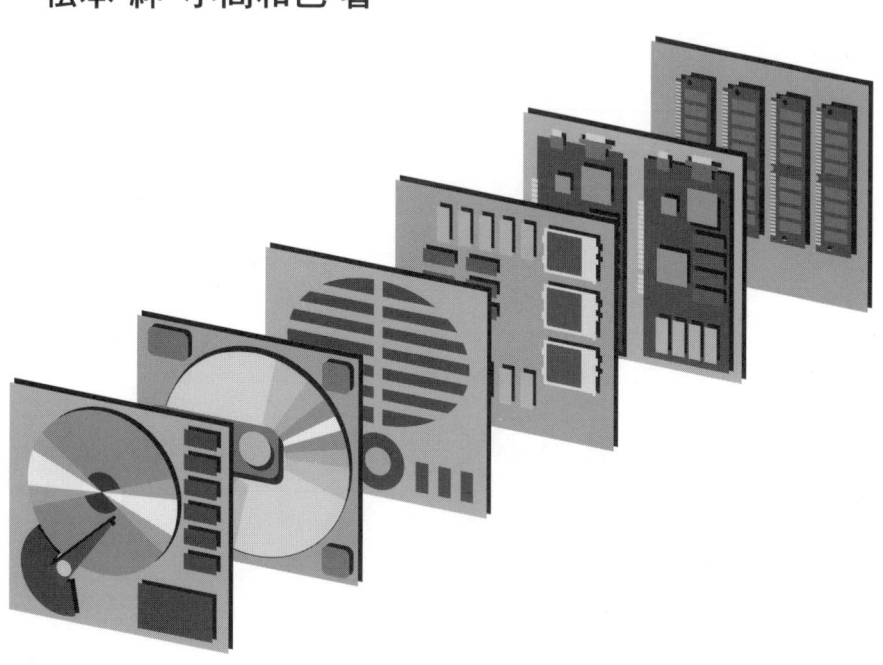

 東京電機大学出版局

本書の全部または一部を無断で複写複製（コピー）することは，著作権法上での例外を除き，禁じられています．小局は，著者から複写に係る権利の管理につき委託を受けていますので，本書からの複写を希望される場合は，必ず小局（03-5280-3422）宛ご連絡ください．

はじめに

　近年，マルチメディアという言葉をいたるところで目にするようになり，その関連図書もかなりでまわっている．しかし，それを講義しようとすると必ずしも適当な教科書がない．たとえば，工学系の教科書ではデジタル信号処理が中心であり，サービスとしてのマルチメディアについてはあまり述べられていない．逆に一般向けの図書ではサービス面が中心で，その原理については解説されていないことが多い．そこで，これらの間を埋める位置づけで本書の執筆を意図した．

　具体的には，本書は図書館情報大学でのマルチメディアシステムの講義ノートをもとに，加筆修正をしたものである．しかしご存じのように，この分野の進歩は非常に速く，ある章を書き終えるともう新しい話題が登場して内容が古くなってしまうということも多々あった．講義では毎年新しい内容をもり込んで講義内容を変えていけばよいが，教科書の形ではそれはむずかしい．そのため，逆に刻一刻と内容が変わってしまう項目については，普遍的な事柄の記述にとどめた．

　本書ではできるだけ多くの項目を網羅して，マルチメディアを論じる際にその基礎知識を得られるようにしたつもりである．そのため用語解説書的になってしまった部分もないではない．ただ，その事柄に少しでも興味をもっていただけたならば，より詳しい文献を探すことは容易であろう．

　よく10人の人が集まれば10人のマルチメディア論があるといわれるが，たしかにこのように多岐にわたった項目を含むマルチメディアでは当然かもしれない．本書でもこれが唯一のマルチメディアであるということは必ずしも明確にしていないが，読者諸氏自ら各自のマルチメディア論が形成されれば望むところである．

　現在のマルチメディア技術の進歩は確実にわれわれの生活様式をも変えつつある．誰でもが手軽にマルチメディア情報を提供でき，今まで一方通行的であった情報の流れを大きく変えた．実際，インターネット上の情報を見ていると，情報を発信したいというのは人間の本質なのではないかとも思うくらい多くの，そして一般の人達がマルチメディア情報を発信している．今までは発信したくても手頃な媒体がなかっただけなのかもしれない．

　このことは，今後，もっと多くの人がマルチメディア情報を利用し，新しいサービス形態を提供していくことを示しているにちがいない．そのようなときに，本書が少しでもお役に立てるのであればうれしい次第である．

最後に，図書館情報大学教授，和光信也先生にはつね日頃有益な助言をいただき，心から感謝の意を表したい．また，東京電機大学出版局の植村八潮氏と松崎真理氏には本書を出版する機会を与えていただき，有益なご助言も数多くいただいた．これらのかたがたに心から御礼申し上げたい．

1997 年 3 月

松 本　紳

第 2 版にあたって

　第 1 版が世に出てから 4 年程の間に，マルチメディアを取り巻く環境はさらに急激に変わってきた．最近よくいわれる IT 革命も，このマルチメディア技術の進歩なしではとうてい考えられない．第 1 版執筆時は，まだ実用化されていなかった多くの技術も，今では広く普及しているものもある．

　第 1 版執筆時に予測したことの多くが今や実現したことから，第 2 版といってもかなりの部分を加筆修正することとなった．特に画像・文字認識については，最新の情報を盛り込むべく，全面的に書き改めることにした．デジタル画像処理に使われる要素技術の内容と文字認識技術の全体像とが把握できるように配慮した．画像処理要素技術については，実際の処理結果を例示して，技術の目的や意義を強調し，文字認識技術については，認識理論の要約と認識技術の分類に重点をおいて解説した．他の箇所も第 1 版とは大幅に変わったところもある．たとえば，インターネット上のサービスについては，現在は Web が主流なので，Web 以外のサービスについては大幅に削り，そのかわりに HTML の解説を加えた．

　第 1 版同様，今回もできるだけ数式を使うことなく，なるべく平易に解説したつもりであるが，そのためにかえって，説明不足になったり理解しづらくなったというところもあるかもしれない．また，今回もできるだけ普遍的なことを中心に書いたつもりではあるが，この分野の進歩の速さを思うと，出版時には，すでに過去の事柄になってしまうものもあるかもしれない．その点は，この分野の特殊性ということでどうかご容赦願いたい．

　なお，執筆分担は以下のとおりである．3 章と 4 章の一部を小高和己が担当し，他の章は松本紳が担当した．

　最後になったが，第 3 章で例示した結果は，小高裕和氏の撮影による上高地・焼岳の写真をスキャナで取り込み，自作プログラムで処理したものである．写真を提供していただいたことを記しここに感謝申し上げる．また，第 1 版時と同様に東京電機大学出版局の植村八潮氏と松崎真理氏には有益なご助言をいただき，心から感謝の意を表したい．

2001 年　初春

著者しるす

目　　次

1章　序　論　　*1*
　1.1　マルチメディアとは何か ──────────────────── *1*
　1.2　メディアの歴史 ────────────────────────── *5*

2章　音声情報　　*9*
　2.1　文字コード ──────────────────────────── *9*
　2.2　音響情報・音声情報・記録の品質 ──────────────── *10*
　2.3　PCM 変調の原理 ───────────────────────── *11*
　　　　ADPCM と ADCT の原理／通信メディアに対する圧縮方式／
　　　　パッケージメディアに対する圧縮方式／マスキング効果／
　　　　MP3（MPEG Audio Layer 3）
　2.4　音 声 合 成 ─────────────────────────── *19*
　2.5　楽器信号の合成 ───────────────────────── *20*
　2.6　音 声 認 識 ─────────────────────────── *21*
　2.7　音声認識の応用例 ──────────────────────── *23*

3章　画像情報処理　　*25*
　3.1　画像情報処理とは ──────────────────────── *25*
　　　　広義の画像情報処理／デジタル画像処理の定義／
　　　　関連する科学・技術分野／応用領域
　3.2　要 素 技 術 ─────────────────────────── *30*
　　　　入力技術／処理技術
　3.3　文字認識技術 ────────────────────────── *43*
　　　　パターンとパターン認識／文字認識方式の分類と研究の歴史／
　　　　文字認識技術各論／応用例／今後の課題

4章　画像・映像情報　　65

- 4.1 画像データの情報量 ——————————————— 65
- 4.2 画像圧縮(JPEG) ——————————————— 65
  シーケンシャル・ビルトアップとプログレッシブ・ビルトアップ／JPEGのその他の特徴／ベースラインプロセス／JPEGの利用
- 4.3 画像フォーマット ——————————————— 69
- 4.4 NTSC信号 ——————————————— 71
- 4.5 デジタル映像 ——————————————— 72
- 4.6 MPEG ——————————————— 72
- 4.7 MPEG以外の動画像フォーマット ——————————————— 74
- 4.8 MPEGの再生 ——————————————— 75
- 4.9 DVD ——————————————— 75
- 4.10 各種DVDとその特徴 ——————————————— 76
- 4.11 デスクトップ会議システム ——————————————— 78
- 4.12 動画像情報とマルチメディアサービス ——————————————— 80

5章　コンピュータグラフィックス(CG)　　82

- 5.1 CGの利用 ——————————————— 82
- 5.2 CGの基礎知識(用語を中心に) ——————————————— 84
- 5.3 レンダリング ——————————————— 85
- 5.4 カラーモード ——————————————— 86
  RGBモード／カラーマップ／HLS表現
- 5.5 モデリング ——————————————— 88
  Solidモデル／メタルボール，ブラブ／particleモデル
- 5.6 アニメーション ——————————————— 89
- 5.7 座標変換 ——————————————— 90
  回転／平行移動／拡大・縮小／ずれ変換／モーフィング／テクスチャマッピング／フラクタル
- 5.8 Java，Shockwave ——————————————— 95
- 5.9 VRML ——————————————— 96

6章 大容量記録媒体　　98

- 6.1 磁気記録の原理 ——— 98
- 6.2 強磁性体とヒステリシス ——— 99
- 6.3 磁気ヘッド ——— 100
- 6.4 最短記録波長 ——— 101
- 6.5 記録媒体材料（磁性体） ——— 102
- 6.6 自己減磁 ——— 103
- 6.7 光ディスクの基本原理 ——— 104
- 6.8 追記型光ディスク ——— 106
  形状変化を伴うもの／形状変化を伴わないもの（相変化型）
- 6.9 光磁気ディスク ——— 107
  光について／偏光／円偏光／光磁気ディスク／
  ファラデー効果とカー効果／光磁気効果の原理／光磁気記録材料
- 6.10 リムーバブルメディア ——— 115
  フロッピーディスク／リムーバブルHDD／PD／Zip, Jaz／
  MD-DATA／スーパーディスク／MO／DVD-R, DVD-RAM,
  PC-RW／フラッシュメモリ／マイクロドライブ

7章 インターネット　　123

- 7.1 歴史的背景 ——— 123
- 7.2 インターネット上のサービス ——— 126
  電子メール／ネットニュース／telnet／ftp／転送モード／
  ファイルの圧縮／archie／WWW／イントラネット
- 7.3 WWWの仕組み ——— 135
  MIMEタイプ／WWWの仕組み
- 7.4 HTML ——— 137
  基本構造／文字／段落など／リスト・箇条書き関係／リンク／
  画像／表／フレーム分割／音楽／その他／実態参照／
  HTMLの問題点など
- 7.5 ネットワーク ——— 159
- 7.6 LAN ——— 160
  Ethernet／FDDI／ATM
- 7.7 ISDN ——— 163

目　次

- 7.8 マルチメディアネットワークシステム ……………………… 165
  ワークステーション，PC／プリンタ／
  スキャナ，デジタルカメラ，フィルムスキャナ／
  スピーカ，マイク，ビデオカメラ，MIDI機器／
  CD-ROM，VTR，LD／ソフトウェア／その他，特殊用途

8章　電子図書・電子図書館　　169

- 8.1 CD, CD-ROM ……………………………………………… 169
- 8.2 CD-I, CD-V ………………………………………………… 171
- 8.3 High-Sierra, ISO 9660 …………………………………… 171
- 8.4 電子図書，eブック ………………………………………… 172
- 8.5 図書館サービスとインターネット ………………………… 174
- 8.6 デジタルライブラリ ……………………………………… 175
- 8.7 インターネット上の学術情報 …………………………… 180
- 8.8 電子ジャーナルの例 ……………………………………… 185

9章　マルチメディアサービス　　187

- 9.1 ビデオ・オン・デマンド（VOD）………………………… 187
- 9.2 テレビ電話 ………………………………………………… 189
- 9.3 カーナビゲーションシステム …………………………… 189
- 9.4 次世代交通システム ……………………………………… 190
- 9.5 携帯電話，携帯型情報端末 ……………………………… 191
- 9.6 将来予測 …………………………………………………… 192
  マルチメディア社会／技術的側面／未来予測

おわりに　　199

参考文献　　200

索　引　　204

1章　序論

1.1　マルチメディアとは何か

メディア

　メディア(media)とは本来，媒体という意味で，mediumの複数形である．もともとは，情報に限らずいろいろなことに対することばであり，ステーキの焼加減にミディアムという言葉を使うように"中間の"という意味もある．しかし，わが国では，メディアというと情報を媒介するあるいは伝達するものとして定着している．マスメディア，ニューメディアそしてマルチメディアというようにである．本書では，"メディア"は情報媒体を意味する言葉として用いる．つ

マルチメディア

まり情報を記録したり伝達するためのものである．**マルチメディア**とは，ひとことでいえば，この情報の記録，伝達手段が1つだけでなく，さまざまなものが，複合したものと考えることができる．MHEGでは，このマルチメディアの標準

MHEG：Multimedia Hypermedia coding Experts Group

表1.1　メディアの分類

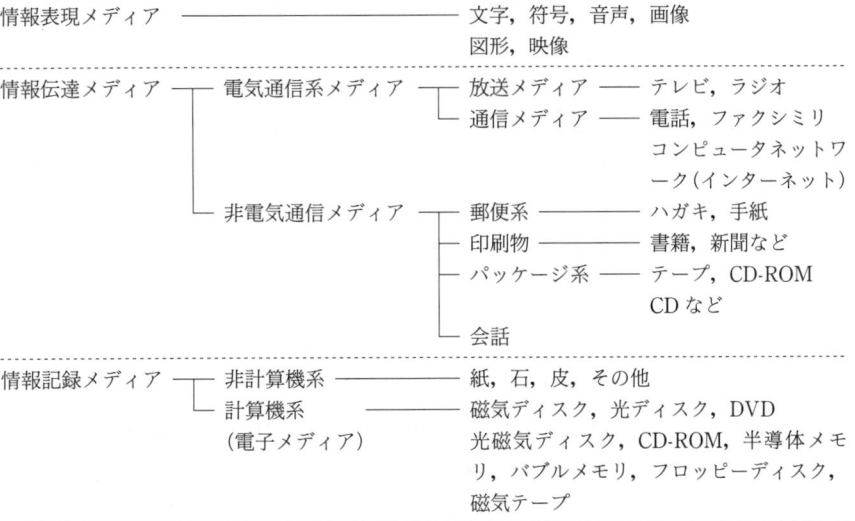

化が検討されており，メディアの分類もなされている．それを参考にしてメディアというものをもう少し詳しく分類してみよう．

表1.1に示したのがその分類である．大きく分けて，3つのカテゴリ，すなわち，表現方法，伝達方法，記録方法である．情報表現としては，文字，符号，音声，画像，図形，映像があげられる．このほかに，臭い，触感，味覚なども本来は含めるべきであるが，現段階で再現する技術は確立しておらず，ここでは含めないことにする．

一方，伝達メディアとして分類すると，さらに通信系とそうでないものとに分けられる．歴史的には非電気通信系メディアの方が古くからあったものが多いのも確かだが，その中のパッケージ系のように最近出現したメディアもある．メディアを記録媒体として見た場合は，非計算機系と計算機系に分けられるが，非計算機系の場合は，ほとんどのものが記録媒体になりうる．しかし，現在のマルチメディア社会を生み出した要因には，計算機系メディアによる大容量記録媒体の出現が強く作用している．

さて，マルチメディアとは何かということになるが，定義の仕方でさまざまな使われ方をしている．最も単純には，情報表現メディア全体，すなわち，

　　　　　文字，符号，音声，画像，図形，映像

のすべてをさすものと考えることもできる．ただし今までとの大きな違いは，これらをコンピュータで蓄積，編集，表示させるというところにある．

従来，コンピュータで処理していたものは，そのほとんどが文字，数値，より正確には，これらの符号化されたものに限られていたが，計算機自身の処理能力の高性能化と情報記録における記録媒体の急激な進歩によって，音声，映像，画像をも含めて処理できるようになった．狭義の意味でのマルチメディア・システムとは，本来は音声認識やパターン認識も可能なシステムをさすのであるが，現在，広く一般に使われているのは，このように文字だけでなく，音声，映像，画像などもコンピュータに取り込んで，それらをある程度編集，記録できるものに対して呼ばれていることが多い．

また，マルチメディアという言葉は，単に1つの意味だけで使われるのではなく，それらを利用したサービス自体をさすこともある．これらの情報を双方向にやりとりできることが，1つの特徴であり従来のテレビなどとは違っている．その意味で，マルチメディアは"ネットワークを介したサービス"という意味合いが強い．よく，マルチメディア・パソコンと銘打って売られているが，これは，パソコンにCD-ROMをつけて音声，動画像を表示できるからというものである．これも確かにマルチメディアの一種であるが，もし，ネットワークに接続しない

で単体で利用するのであれば，本来のマルチメディア・サービスを十分に活用しているとはいえないかもしれない．

マルチメディアのマルチは"多重の"とか"多くの"という意味であるが，表現メディアがマルチなのか，通信系メディアがマルチなのかで，いろいろな場合が考えられる．たとえば，電話＋ディスプレイ＋カメラ＋パソコン＋ネットワークとか，CD-ROM＋DVD＋パソコン＋ネットワークというのは，色々な通信系のメディアが組み合わさったものである．上述のマルチメディア・パソコンのように，単体で利用する場合は，単に表現メディアのマルチ化であるが，これにネットワーク機能を加味することで，より多くのことが可能になってくる．

図1.1に示したように，マルチメディアは単にコンピュータだけのものでなく，われわれの日常の生活の中のあらゆるものにも影響してきている．しかし，

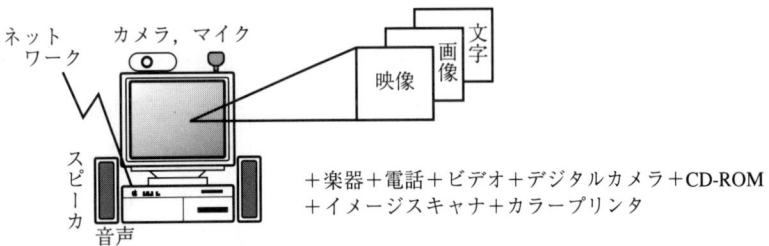

コンピュータのマルチメディア化

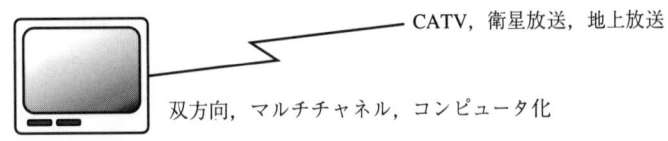

テレビのマルチメディア化

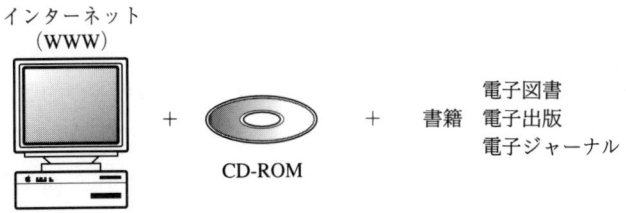

出版のマルチメディア化

図1.1 いろいろなマルチメディア化

これらはいずれもコンピュータによる制御が必要となっているのが特徴である．マルチメディアはコンピュータとは切っても切れない関係にある．

そこで，本書では，コンピュータ上でのマルチメディアを中心に話を展開していくことにしよう．

マルチメディアを扱う場合，映像，画像，音声，文字情報などを同じようにコンピュータで処理する必要がでてくるわけだが，どうして今までそれができなかったかというと，その情報量が非常に大きいためにその処理に時間がかかったことや，通信回線の速度などがネックとなっていた．また，そのために映像などのデジタル方式も決まってなかったといえる．

> デジタル情報
>
> アナログ情報

まず情報には，**デジタル情報**と**アナログ情報**の2つがある．よく時計でも針のあるアナログ式と，数字を表示するデジタル式があるが，この場合も同じである．計算機が読める情報はデジタル情報でなければならない．そのために文字をはじめ，音声，画像，映像といった情報も0と1の数字からなる符号に変換される*．

> *エンコードまたはコード化と呼ばれる

マルチメディア情報の情報量が非常に大きいことは想像がつくが，そのことについて少し，具体的に見てみる．まず，音の場合を考えてみると，人間の耳は約2万Hz*くらいまでなら聞き分けることができる．これ以上速く振動している音は超音波といわれ，われわれの耳には普通聞こえない．そこで，音を記録する場合は，最大2万Hzの信号まで記録できればよいことになる．これを磁気テープに録音する場合，一般のカセットテープだと，テープ速度は1秒間に4.75cm/sであるので，最短記録単位として$1.19\mu m$くらいの間隔で信号が記録される必要がある $(4.75/(2\times10^4)/2^* = 1.19\times10^{-4}\text{cm})$．

> *1秒間に20000回の振動している音波（Hz：ヘルツ）
>
> *ここで2で割っているのは，最小波長の半分が最短記録単位に対応するからである（6.4節参照）．
>
> 走査線方式
>
> NTSC: National Television Standard Commitee

次に映像情報を考えてみよう．ここでは，テレビ，VTR，レーザディスクなどに共通である走査線方式についてみてみる．この**走査線方式**にもいくつかの規格があり，日本とアメリカではNTSC方式が採用されている．これは走査線数が，525本で1画面を形成し，1秒間に30コマ（画面）表示するという方式である*（4.4節参照）．

> *ちなみにヨーロッパなどでは走査線数が625本，1秒間に25コマのPAL方式が採用されている．
>
> MHz：メガヘルツ＝10^6．メガは10^6を意味する．つまり5MHzというのは1秒間に500万回振動する信号である．

さて，映像情報はこのNTSC方式だと複雑なものは周波数にすると約5MHzの信号ということになり，音声の場合の約250倍もの情報量ということになる．ビデオテープだとオーディオテープに比べて記録密度が高いことも事実であるが，さらにヘッドとテープの相対速度が速くなっている．ビデオのテープの動きを見ているとゆっくり動いているように見えるが，実はヘッドの方も回転していて，その相対速度は1秒間に5m近くもある．

このようにアナログで記録する場合でも，マルチメディアの情報量がかなり大

きいことがわかる．さらに情報をコンピュータで扱うのであれば，これをアナログ信号からデジタル信号に変換しなければならない．デジタル信号の場合には，色々な圧縮技術があり，情報量を減らす工夫が行われている．

ところで，より広義の意味でのマルチメディアにおける情報処理とは，単にそれらの情報を別々の機器から入力して再現するというだけではなく，音声合成，動画像作成（コンピュータ・グラフィックス），データ圧縮技術（通信），データベース技術（高速検索）さらには，音声，画像認識などをも含んでいる．本書で，これらのことをすべて詳しく説明することはできないので，全体の概要を概説するということにとどめる．

1.2 メディアの歴史

ここで，新しいメディアを議論する前に，その歴史的な背景も眺めてみよう．表1.2に今までの主なメディアの出現の歴史を年表にまとめてみた．

文字の出現は，紀元前4000年あるいは5000年くらい前にエジプトでなされた．そして紙の発明（中国）により容易に情報が蓄積されるようになったといえる．一方，画像情報としては石器時代の洞窟壁画がその最初かもしれない．ナスカの地上絵などもそうである．その後，グーテンベルクによる印刷の発明，画家による絵画としての画像情報の蓄積などがあり，19世紀になって写真，映画，蓄音機などが発明された．20世紀になるとラジオ，テレビ，コピー，コンピュータ，ワープロやCDなどの大容量記録媒体の出現などがあり，現在のマルチメディア社会が出現したといえる．

前にも述べたように，大容量記録媒体の出現とコンピュータの性能向上により，さらに音響情報だけでなく，映像，文字，図形も同じデジタルデータ化され，これらを一元的に扱えるようになったわけであるが，コンピュータの世界だけでなく，出版業界や放送，通信分野にもこのマルチメディアの重要性が認識されるようになった．

従来のメディアは，それぞれの目的によって使い分けられていた．たとえば，手紙と電話，テレビと新聞といったように，それぞれの長所があり，それらが互いに相補しあいながら利用されてきたといえる．ところが，最近のコンピュータ・ネットワークの発展は，コンピュータ1台で，これらのことと同等のことが行われるようになりつつある．勿論，従来のメディアが姿を消すとは思われないが，テレビの出現によりラジオが衰退したのと同様なことが，近い将来起こるであろう．そして，その統合される範囲がかなり多くのメディアの領域にわたって

表 1.2　メディアの歴史

BC 4000	文字の出現(古代エジプト)［文字情報］
	紙の発明(中国)［文字情報］
	洞窟壁画，ナスカの地上絵［画像情報］
	のろし［映像情報？］
中世	印刷の発明(グーテンベルク)［文字，画像情報］
	絵画の隆盛［画像情報］
1644	マジックランタン［映像情報］影絵
1830	郵便(イギリス)［通信］
1835	写真(ダゲール)［画像情報］
1876	通信電話(ベル)［通信］
1877	蓄音機(エジソン)［音声情報］
1888	磁気記録着想(O. Smith)［音声情報］
1891	映画(エジソン)［映像情報］
1898-1907	Poulsen の鋼線式磁気録音機の発明［音声情報］
1920	ラジオ［音声情報］
1928	Pfeuner 磁気テープ開発(Fe_3O_4：マグナタイト)
1935	テレビ［音声情報，画像情報，映像情報］
1938	PCM 方式発明(リーブス)
1939	コピー［文字，画像情報］
1945	コンピュータ［数値情報］
	テープレコーダ開発［音声情報］
1947	磁気記録用針状酸化鉄(γ-Fe_2O_3：ヘマタイト)［音声情報］
1951	VTR の研究(RCA)［映像情報］
1953	日本でテレビ放送始まる
	PCM 録音方式開発(日本)
1957	熱ペンによる光磁気メモリ着想(Williams)
1960 年代	コンピュータグラフィックス［画像，映像情報］
	カセットテープレコーダ［音声情報］
1960	カラー VTR 開発［映像情報］
1963	フォトビデオディスク開発(スリーエム社，スタンフォード大学)
1967	du Pont 社　クロム(CrO_2)テープ開発
	磁気バブルメモリの発明(Bell 研)
1970 年代	カラーコピー［画像情報］
	コンピュータ組版印刷［文字情報，画像情報］
1970	8 inch フロッピーディスク開発(IBM)
1971	TED 方式ビデオディスク(カラー)開発［映像情報］
1972	光反射ディスク(VLP 方式)開発(フィリップス，MCA)
1973	静電容量型ビデオディスク(CED 方式)開発(RCA)
	垂直磁化膜の発見(IBM)
1975-1976	家庭用 VTR(ベータマックス，VHS)［映像情報］
1977	垂直磁気記録発明(東北大学)
	光ディスク開発(フィリップス)
	5.25 inch フロッピーディスク開発
1979	CD 開発

1.2 メディアの歴史

1980年代	ワープロ［文字情報］
	電子スチルカメラ［画像情報］
	パソコンゲーム［音声情報，文字情報，画像情報，映像情報］
	コンピュータネットワーク［音声情報，文字情報，画像情報，映像情報］
	カーナビ，E-mail，インターネット，ハイパーテキスト
	メタルテープ，蒸着テープ開発
1980	CD 規格（フィリップス，ソニー）
1981	レーザビジョン方式光ディスク（LD）発売（パイオニア）
	5.25 inch 2 HD フロッピーディスク開発
	3.5 inch フロッピーディスク開発（ソニー）
1984	8 mm ビデオ発売［映像情報］
	1 GB 光磁気ディスク開発（ソニー/KDD）
1985	CD-ROM 規格
1987	DAT 発売
1990年代	CD-R，インターネット（WWW, WAIS），携帯電話
	デジタルムービー，電子新聞，デジタルカメラ
	大容量リムーバルディスク
1992	MD，DCC 開発
1994	MD-DATA 開発（ソニー）
1995	DVD 統一規格
1996	インターネットテレビ
1999	携帯電話のインターネット接続サービス
2000	BS デジタル放送
2002	次世代 DVD（青色レーザ光）
2003	地上波デジタル放送開始

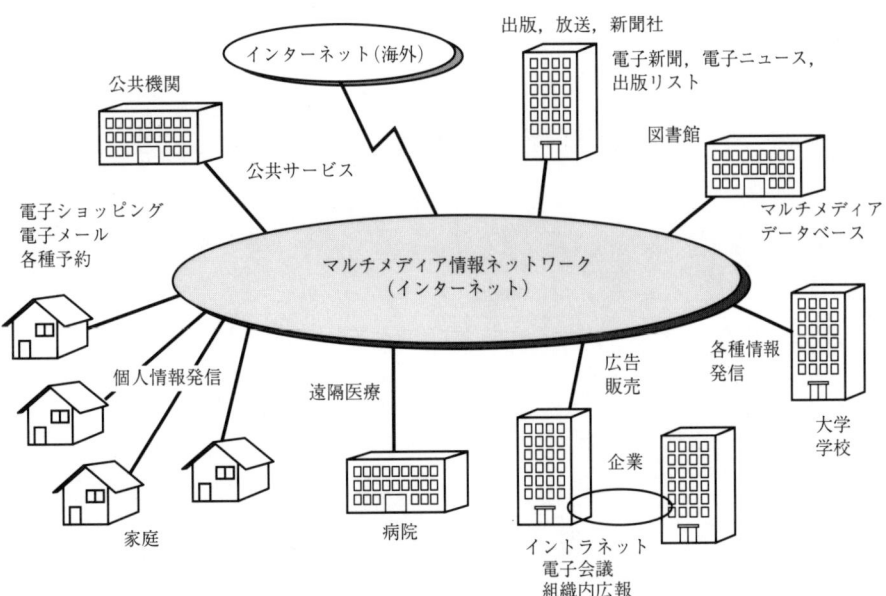

図 1.2 マルチメディアネットワーク社会

いることが今回の特徴である．たとえば，各家庭までコンピュータ・ネットワークが浸透すれば，郵便やファックスのかわりに電子メールが主流になるに違いない．電話の必要性も今よりは減るかもしれない（現在でも留守番電話があるが，これなどは電子メールで十分に役割を果たす）．また，インターネット上のサービスは新聞やTVまでもそれと同様なサービスが可能であるし，百科事典，辞書などもインターネットでアクセスすれば情報を手に入れることができるようになる．このほかにも，電子ショッピングや宿の手配，航空券，列車の予約なども全世界を対象にできるようになってきている(図1.2参照)．

2章

音声情報

まず，マルチメディア情報全体の話をする前に，それらの構成要素でもある文字，音声，画像，動画像の1つひとつについて見てみることにする．

2.1　文字コード

文字情報

コンピュータで最初に扱われたのが文字情報であろう．文字を扱うためにコンピュータ内部ではコードと呼ばれるデジタル変換処理が行われる．たとえば，"a"という文字は"01100001"というようになる．いわゆるアルファベットや数字だけを表すのであれば，デジタル信号8桁（8ビット＝1バイト）で$256(=2^8)$通りの文字を表現できるので問題はない．ただし，日本語のひらがなや漢字を含めると256通りだけではすまなくなり，文字を表すのに2バイト必要になってくる．ワープロなどで使われる半角の英数字は1バイト文字であるが，全角の英数字，記号，漢字などは，すべて2バイト文字である．たとえば，全角の"a"という文字は，コードだと"0010001101100001"というように16桁（2バイト）のデジタル信号で表される．

文字コード
EUC
JIS
SJIS

文字とコードが1対1の対応になっていれば問題はないのであるが，この**文字コード**が何種類か存在してしいる．たとえば，EUC，JIS，SJISと呼ばれているものである．そのため，SJISコードの文字をEUCコードに対応したコンピュータに送ると，自動的にコード変換を行うのが一般的であるが，中には文字化けが生じて読めないといったこともしばしば起こる．このような場合は，文字コードを変換するフィルタというものが各種存在しているので，これらを利用して変換し直す必要がある*．

*フリーソフト等で各種文字コード変換ツールが提供されている．

また特に最近では，インターネットを通じて世界各国との情報交換も盛んであるが，この場合は，日本語のみならず各国語との対応が不完全である．そこで，新たにUnicodeというコード体系がISO10646という形で国際規格になっている．これは，日本語のみならず，ハングル文字や中国漢字をも含めて2バイトで

Unicode
ISO10646

*今までだと，たとえば，日本語と英語が混ざり合ったものは表現できても，日本語と韓国語の混ざり合った文章は同時にはできなかった．

表すというものである．これだと，各国語が混ざり合った文章も同時に表示できる*．しかし，それでもまだいくつか問題点もある．たとえば，Unicode に対応したアプリケーションがまだ少ないこと，もうひとつは，中国漢字をすべて含めると 2 バイトでは足りなくなってしまうことなどである．そういう意味では，まだ文字情報の世界もするべきことは多い．

2.2 音響情報・音声情報・記録の品質

コンピュータを利用した情報処理では，情報がデジタル信号になっていなければならないことは前の章でも述べた．初期の段階では，文字，数値，記号などがコード化されていたわけだが，現在では，音声や画像の情報もデジタル信号化できるようになっている．この場合も文字情報と同じように 01 からなる 2 進数のビット情報である．このことにより，1 つのコンピュータでそれらを統一的に処理できるようになったわけであり，これがマルチメディア時代を開いた一因ともなっている．しかしながら，もとの情報（アナログ信号）をデジタル信号に変換するといっても色々な方法があり，すべてが同じ方法でデジタル化されているわけではないのは文字情報の場合と同じである．

表 2.1 音声情報

音響・音楽	パッケージ系	LP レコード→CD→DAT，MD，DCC CD-ROM，DVD
	通信・放送系	FM 放送，TV，衛星放送
音声・文字	パッケージ系	CD-ROM，フロッピーディスク
	通信・放送系	電話→音声メール，E メール，FAX，パーソナル無線，携帯電話，AM/FM 放送，電子会議，移動電話

音声情報

音響情報

また，もとの信号自体の品質によっても使い分けが必要になる．表 2.1 にまとめたのは，音声情報の種類である．ひとことで音声といっても用途によってさまざまな場合が考えられる．たとえば，電話などの音声とオーケストラなどの音楽（音響情報）とを比べれば，音楽の場合はその再現性が重要となるが，音声の場合は多少品質が落ちても大きな影響がない場合もある．このように本来は，音声情報と音響情報は別々に考える必要があるが，ここでは，この両者をあわせて単に音声情報と呼ぶことにする．音声情報を扱う場合，電話のようにリアルタイム性が必要な場合や，CD-ROM の絵本やゲームのように画像あるいは，動画と同期した再生が必要な場合もある．そのようなことから，効率的に音声信号の記録送信/再生を行うためには，信号の圧縮伸長技術が必要になってくる．これは，原

2.3　PCM変調の原理

信号の冗長度を減らすことにより，より少ない情報量で原信号を再生させるための技術である．これを高能率音声符号化という．

2.3　PCM変調の原理

PCM：Pulse Code Modulation

最初の序論で，アナログ信号をそのまま記録し再生する場合を簡単に述べたが，ここでは，デジタル信号方式(**PCM**)について簡単に見てみることにする．この方法は，音声情報だけでなく，画像情報などにも利用されている原理である．デジタルだと音質や画質が良く，コピーによる信号劣化が起こりにくいとよ

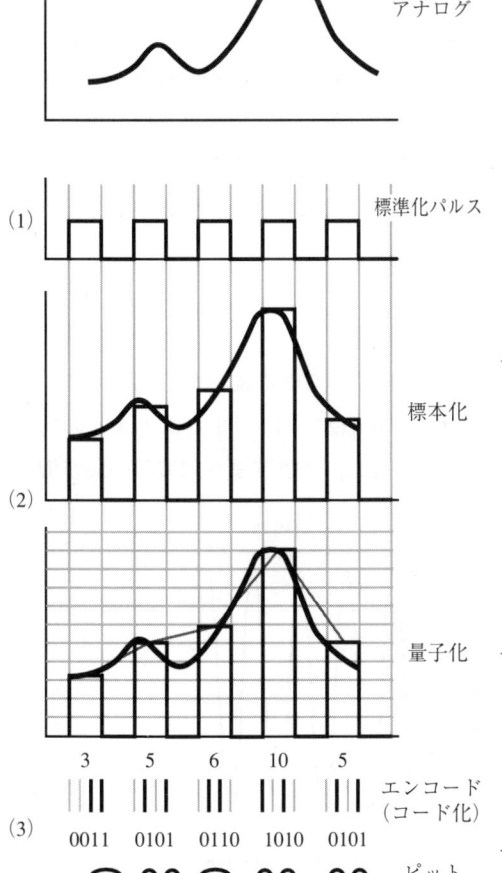

(1)標準化パルスによるパルス信号化（標本化）
　パルス信号はもとの信号の最大周波数の2倍以上の周波数をもたねばならない：ナイキストの定理．図の例は，パルス信号が原信号の2倍以上の周期をもっていないので，雑音の多いよくない例である．

(2)標本化されたパルスの振幅を何段階かの区分に分ける（棒グラフのように対応させる）．これを量子化と呼ぶ．図で細い線で示したのは，量子化された信号を再現した場合の波形であるが，原信号波形からはずれている．このずれは量子化雑音と呼ばれるものである．もちろん，量子化を細かくすれば，この量子化雑音は減る．

(3)量子化された値を2進数に変換させる（符号[コード]化）．

図2.1　PCMの原理図

くいわれる．これはアナログ信号だと，記録，再生時に必ずノイズが入り，その記録もしくは再生波形にひずみが出てきてしまうからである．デジタル信号は量子化を行っているので，このひずみが発生しにくいところが特徴である．信号をデジタル化するためには図2.1のようないくつかのステップをふむ．コード化された信号は1と0であるので，信号の有無でそれを区別することができる．

 実際には，このほかにもいろいろな変換がほどこされ，記録再生の効率を上げている．CDなどのオーディオ記録では，このPCM方式を使っているが，LD（レーザディスク）におけるビデオ信号はピット信号に変換されているとはいえ，あくまでもアナログ方式(パルス信号変換)である．アナログではピットの長さが信号の情報であるが，デジタルではむしろピットの有無が情報となっていると考えられる．LDなどの光ディスクにはアナログ音声2チャンネルとアナログ映像および音声PCM信号が記録されている．

> CD
> LD

> ＊もしくはFM方式での搬送波周波数

 これらは別々に記録されているわけではなく，パルスの標準化信号の周波数＊がおのおの違っていて，これらを加え合わせたものが記録されている．再生側はこれをまた，標準化信号周波数ごとに分解して，各信号を取り出している．このように複数の信号をまとめて記録することを多重化と呼んでいる．ところで，音波の性質についても簡単に述べておく．波には3つの要素がある(図2.2参照)．

 ① 波の振幅………音の強弱
 ② 波の周波数……音の高低
 ③ 波の形…………音色，音質

> 周波数

 周波数というのは，1秒間に何回振動している波かを示すもので，たとえば，1000回振動している波であれば，1000Hz(ヘルツ)または1kHzの周波数の波ということになる．ただし，一般の音だと，さまざまな周波数の波が混ざりあって

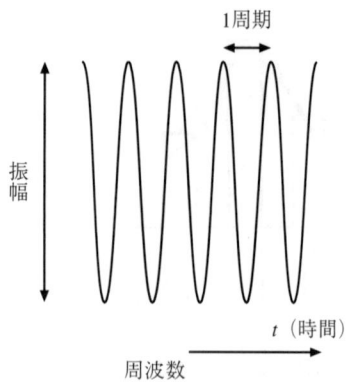

図2.2　音の3要素

2.3 PCM 変調の原理

いる．上述の PCM 変換では，標準化パルスにより標本化されているが，このパルス信号の周波数自体がもとの波の周波数よりも大きい必要があることはわかる．一般に，この**標本化周波数**（サンプルレート）はもとの周波数の 2 倍以上必要であるといわれている（**ナイキストの定理**または，**シャノンの標本化定理**ともいう）．たとえば，8kHz のサンプルレートの場合は，1/8000 秒ごとにサンプリングすることになるが，このサンプルレートが大きければ大きいほど原音を忠実に再生することができる．

一方，量子化もしくはエンコードの方は，振幅に対してなされる．情報が 8 ビットに量子化されるのであれば，振幅を 256 等分にして近似していることになる．このビット数が大きくなれば，やはりそれだけ原音に忠実になる．デジタル音声だと音がよいと考えがちであるが，実は，サンプリングとエンコードによって確実に情報落ちが生じているわけで，これを**量子化雑音**という．

デジタル音声の利点は，コピーや伝送によって，音の品質がほとんど変わらないという点である．ただし，デジタルだからといって，オーケストラの音を低いサンプリング周波数とビットレートで録音したならば，音質はやはり落ちてしまう．

ところで，デジタル音声の情報量は，このビットレートとサンプルレートで決まる．たとえば，8 ビット（1 バイト），8kHz のサンプルレートでデジタル化した音声は，1 秒間で 64Kbit（キロビット）の情報量となる．つまり，1 分間録音するのであれば，64×60＝3840Kbit の容量が必要となる．また，この音を伝送するのであれば，64kbps（bit/second）以上の速度をもつ回線でないとリアルタイムに音を送れないということになる．そのような場合は，最初に音声情報をすべて送ったあとに再生するといったことが行われる．ちなみに CD の音は，16 ビットのエンコード，44.1kHz のサンプルレートをもつデジタルサウンドであり，情報量としては 1 秒間にステレオで 1.41Mbit 程度の容量となる．

サンプルレートが大きいほうが音がよいからといって，すべての音情報に対して，44.1kHz のサンプルレートを適用する必要はない．表 2.2 にその目安を示しておく．

音声情報の場合も情報量が大きいので，実際には圧縮などの方法により情報量

標本化周波数
ナイキストの定理
シャノンの標本化定理

量子化雑音

表 2.2 音の品質

電話並みの音声	…	5 kHz
AM ラジオ程度	…	8 kHz
FM ラジオ，TV 音声	…	11 kHz
中程度の品質音声	…	22 kHz
Digital Audio など	…	44.1 kHz

を減らす工夫がなされている．信号波形を忠実に伝送する方法を**波形符号化**と呼んでおり，前述のPCM方式はこの例である．その他，波を周波数分解してそのパラメータをデジタルに変換する**パラメータ符号化**がある．実際には，情報量を減らすためのいくつかの方法が存在するが，波形符号化には，各サンプル間の差を情報として符号化するADPCM(適応差分PCM)や，パラメータ符号化には，DCT(離散コサイン変換)，ADCT(適応DCT)などの各方式がある．

2.3.1　ADPCMとADCTの原理

波形をデジタルに変換する場合，サンプリング(標本化)が行われるが，一般に隣同士のサンプル信号は互いに近い値をとる．このことは，隣接する信号の差をとった部分も波のように振動するけれども，その振幅はもとの信号に比べて小さくなることがわかる．この差分信号を量子化することにより，情報量を大幅に低減することができる．これがADPCMの原理である．図2.3(a)の2段目では隣りとの信号強度の差を大きさで示したが，これに正負の符号情報が加わる．

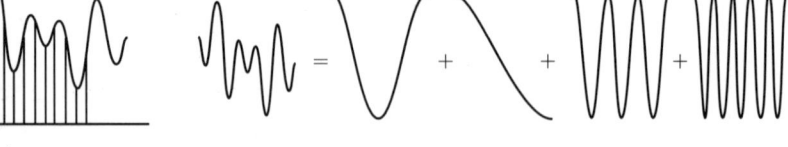

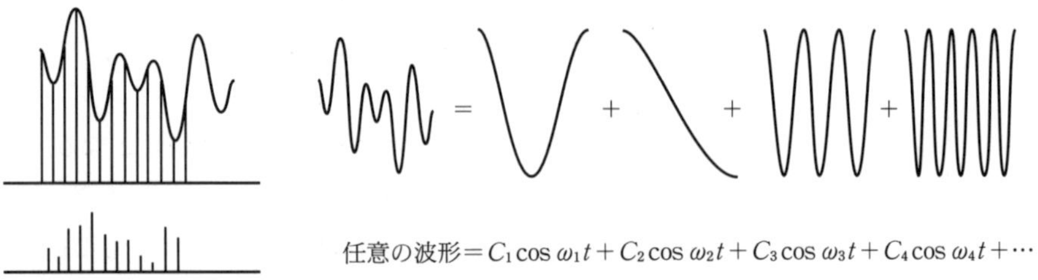

任意の波形 $= C_1\cos\omega_1 t + C_2\cos\omega_2 t + C_3\cos\omega_3 t + C_4\cos\omega_4 t + \cdots$

隣の情報との差を量子化する．

任意の波形はcos関数などの重ね合せで表すことができる．係数 $C_1, C_2, C_3, \cdots$ をデータとして送信する．

(a)　ADPCM方式　　　　　　　　　　(b)　ADCT方式

図2.3　ADPCM方式とADCT方式の原理

一方，ADCTと呼ばれるものは，離散コサイン変換とかフーリエ変換と呼ばれているものである．普通，波はcos関数あるいは，sin関数などで展開することができる．図2.3(b)に示したのは，その一例である．任意の波形は，それぞれ周期の違ったcos関数に重み C_i (展開係数)をかけて足し合わせることで再現できる．図では，4つの基本的なcos関数とその適当な重みをつけて足し合わせたものの波形を示した．このときの展開係数を情報として記録または送受信するというものである．これによっても情報量をかなり小さくすることができる．

2.3.2 通信メディアに対する圧縮方式

音声情報を通信して利用する場合，たとえば，デジタル電話やあとで説明するISDNを使った通信などでは，その音声品質を保証するために用途に応じて，いくつかの圧縮方式が決まっている．表2.3に示したのは，その一例である．たとえば，64 kbps の伝送速度の場合，8 ビットで量子化すれば，64 kbps/8 bit＝8 kHz というようにサンプル周波数が決まってしまう．

表2.3 通信系の各種音声情報の圧縮方法

64 kbps 符号化方式	ADPCM 方式	8 ビット 8 kHz	ISDN 用
32 kHz 符号化方式	ADPCM 方式	4 ビット 8 kHz	衛星通信，長距離通信
CELP(16 kbps) ・VSELP(8 kbps)	DCT 方式		TV 電話音声，移動電話 自動車電話など

2.3.3 パッケージメディアに対する圧縮方式

一方，通信ではなくパッケージ系の場合は，通信速度を意識しなくてすむために別の規格に基づいて圧縮されている．表2.4に示したのがその一例であるが，より高品位な扱いが可能となっている．というのもそのほとんどが，高音質な音響情報を記録するためのものだからでもある．

表2.4 パッケージ系の各種音声情報の圧縮方法

CD(Compact Disc)方式	PCM 方式	16 ビット 44.1 kHz
MD(Mini Disc)方式	ATRAC 方式	4 ビット 44.1 kHz (DCT＋マスキング効果)
DCC(Digital Compact Cassette)方式	PASC 方式	4 ビット 44.1 kHz (DCT＋マスキング効果)
DAT(Digital Audio Taperec.)方式	PCM 方式	16 ビット 48 kHz(48 K)， 16 ビット 32 kHz(32 K)， 12 ビット 32 kHz(32 K - LP, 32 K - 4 CH) 16 ビット 44.1 kHz(44 K, 44 K-WT)

パッケージメディアに対する符号化方式も何種類かある．CDは16ビット，44.1 kHzであることはすでに述べたが，書換え可能な光磁気ディスクであるMD(ミニディスク)は，4 ビット，44.1 kHzである．そういう点ではCDの1/4の情報量であるが，音質はCDと比べて遜色ないといわれている．これは，ATRAC方式と呼ばれる圧縮法を用いているためである．この原理は，原信号をまずいくつかの周波数帯に分割して，それらに対してDCT方式による圧縮を

MD

CD

ATRAC : Adaptive Transform Acoustic Coding

している．また，次の節で説明するマスキング効果と呼ばれる心理聴覚特性を用いて，人間の耳ではあまり聞こえない部分をカットすることによっても情報量を圧縮している．

一方，MDとほぼ同時期に発表されたDCCも原理的には，MDとほぼ同様な方法で情報を圧縮している．こちらはPASC方式と呼ばれている．これも，4ビット，44.1kHzである．DATと呼ばれるものは，普通の音楽用カセットテープより少し小型にしたカセットに音楽をデジタル録音するもので，構造的には，8mmビデオに似ている．DATでは記録方式にいくつかのモードがある．

DCC：Digital Compact Cassette
PASC：Precision Adaptive Subband Coding
DAT：Digital Audio Tape Recorder

2.3.4 マスキング効果

図2.4は人間の可聴レベルを模式的に示したものである．周波数によっては，ある程度大きな音でないと人間には聞こえないというレベルが存在している．これを**最小可聴レベル**と呼ぶ．また，大きな音がした場合，その前後の周波数領域の音が，聞こえなくなるというマスキング効果を図の網かけ部分（カゲをつけた部分）で示してある．

最小可聴レベル
マスキング効果

原音からこの最小可聴レベル以下およびマスキング効果で聞こえなくなる領域内の信号を除去することにより，情報量をかなり小さくすることが可能である．

図で示した例はこのことを強調して示しているが，まず，可聴レベル以下ということで，1，2，5，9，15，16番目の信号が削られる．次にマスキング効果により3，11番目の信号も削られることになる．結局最後まで残る情報は，図2.5に示したように全体の8/16すなわち半分程度に減らされる．情報がこのように圧縮されたとしても実際には，再生波形と原音の波形との違いはほんのわずかであり，人間の耳にはほとんど同じに聞こえる．

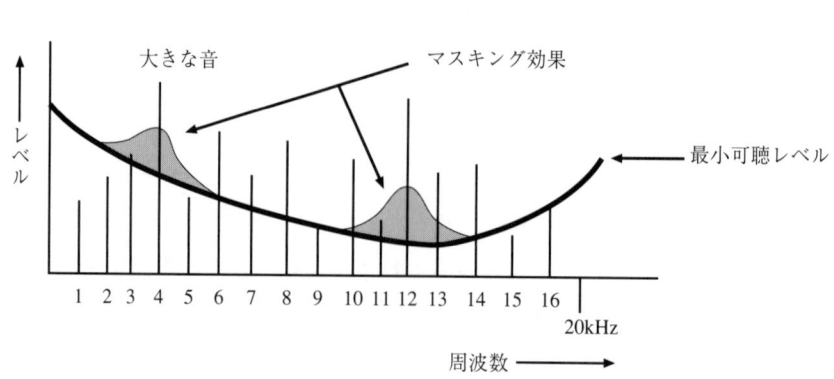

図2.4　人間の可聴レベルとマスキング効果の模式図

2.3 PCM 変調の原理

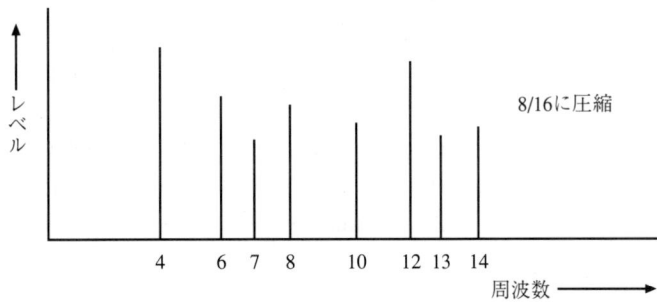

図 2.5 マスキング効果により圧縮された情報

2.3.5 MP3 (MPEG Audio Layer 3)

MPEG：Moving Picture Expert Group

情報圧縮技術

MPEG はもともと動画像の情報圧縮技術であるが，動画像には音声も付随する場合がほとんどであるので，音声に対する圧縮法についても規定されている．サンプルレートは 22.05 や 44.1kHz などのいくつかのモードがある．さらに ATRAC や PASC と同様に以下の圧縮技術が行われる．

① サブバンド化…周波数帯を 32 のサブバンドに分割する．
② 符号化…DCT によるパラメータ符号化を行う．
③ マスキング効果を取り入れる．
④ 可変長符号化として，あとで説明するハフマンコードを利用して情報圧縮を行う．

これらのことにより情報をかなり圧縮することができる．ただし，MP3 には伝送速度に対応していくつかのモードがあり，上述の圧縮法の組み合わせとなる．

最も遅い伝送速度(64kbps)の場合は，すべての処理が必要となるが，これよりも速い，たとえば 128kbps の伝送速度の場合は①と③だけを行うというようになっている．

ハフマンコード

発生の頻度の高い信号には短いビットを割り当て，逆に発生の少ない信号には長いビットを割り当てれば，符号化の効率をよくすることができるというのがハフマンコードの原理である．たとえば，音の場合であれば量子化された値のそれぞれの出現確率を統計的にあらかじめ調べておく．いまそれを A，B，C，D，…というシンボルで分類しておく．その出現率が図 2.6 のようになっているとしよう．

まず出現率の高いものから順に並べて率の最も小さい 2 つのシンボルの出現率を加えて新たなシンボルとする．これに対しても出現率ごとに並び変え，再び同

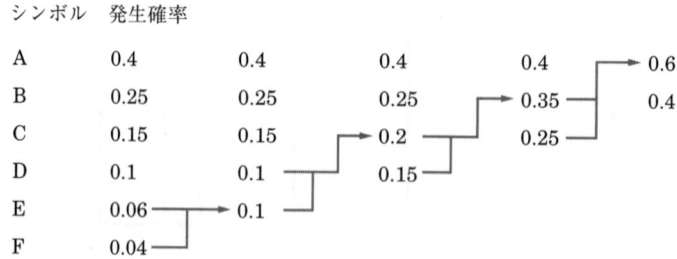

図 2.6　ハフマンコードにおける記号の発生率

じことをくり返す．最終的にシンボルが 2 つになったところで，それぞれに 1 と 0 を割り当てる．今度は，前と逆の順で後ろに 1 と 0 を付け加えることで，各シンボルに対するビット符号を割り当てていくことができる(図 2.7)．

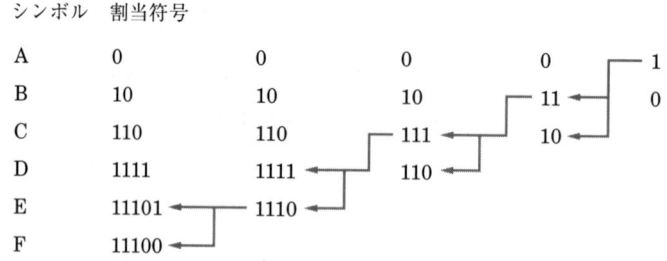

図 2.7　ハフマンコード変換

（例）　もし，ハフマンコードを用いないで，仮に ABCD…順に 3 ビット符号を割り当てたとし，A(000)，B(001)，C(010)，D(011)，E(100)，F(101) とする．そこで，ACBDAEABCA という信号をデジタル化すると 30bit の情報量が必要となる．

　　000 010 001 011 000 100 000 001 010 000　30bit
　　 A   C   B   D   A   E   A   B   C   A

これを上述のハフマンコードで符号化すると，以下のように 23bit の情報量となり，情報量を圧縮することができる．

　　0 110 10 1111 0 11101 0 10 110 0　23bit（ハフマンコード）
　　A C   B   D A   E   A B C A

デコード：コード化された信号をもとにもどすこと

　一見，ハフマンコードだとビットの長さが可変長なので，デコードする際にユニークに決まらないのではと思うかもしれないが，対応する短いビット信号から割り当てていくとユニークに決まることがわかる．上の例では，まず最初の 0 が

Aとなる．次は，11010…であるが，110がCであるので次のCが決まる．次は，101111…であるが，10がBとなり，1111011…は，1111がDというように決まっていく．

2.4 音声合成

音声合成　　計算機などで自動的に音声を作り出すものを**音声合成**と呼んでいるが，これにはいくつかの方法がある．この方法を用いることにより，任意の音声データを少ない情報で保存再生ができるようになる．

波形編集合成　　**（1）波形編集合成**

自然音声波形を編集して波形辞書を作っておく．音を指定した場合に，その波形を再生する．ただし，連続音声の場合の連続性が保証されないことや，同じ音素でも前後の関係から複数の波形を記録しておく必要があるなど，辞書が大きくなってしまう欠点がある．

分析合成　　**（2）分析合成**

音声の周波数成分を記録しておき，音声合成時に前後の波形がなめらかに接続するように係数を適当に調節する．ただし，信号の品質は中程度もしくは低品質なものが多い．

音声合成の応用例としては以下のようなことが考えられる．

① 映像・画像の音声解説など：CD-ROMの百科事典などの音声によるガイドや，表，図，写真などの解説を音声で行うなど．

② 文字情報を音声化する：電子図書や電子メールなどを音声で読み上げる．

③ 音声で対応するシステム(音声認識との併用)：自動翻訳，音声対話システム，電話番号検索システム，通訳電話

SFの世界では昔からロボットと会話するという設定は山ほどあるが，これも音声認識と音声合成といった技術が必要である．ロボットといかないまでも，アーサーCクラーク原作「2001年宇宙の旅」の中でHALというコンピュータと宇宙船の乗組員が会話するシーンがあったが，これが技術的に実現可能に近い形を表現しているかもしれない．そのほか，老人や弱視者用に本を自動朗読するというのも考えられる．これらは音声認識がより効率良く行われれば，音声合成の価値，重要性はますます増大するであろう．

合成音声は一般的に明瞭度，自然性が必要であるが，用途に応じてさまざまな要素が考えられるので，必ずしもこの2つがクリアされていればいいというもの

ではない．以下のような条件により評価基準も変わる．
① 利用目的は何か
② 利用者はどういう対象か
③ どのような環境で利用するか
④ どういう装置を使うか

2.5 楽器信号の合成

音声合成と似ているが言葉を話すのではなく，コンピュータで音楽や音を出すためのもので，最近のコンピュータには音源と呼ばれるものを装備しているものがほとんどである．この場合は，個人差による波形の違いや，アクセントなどの要素を考慮しないですむだけ，音声合成よりも容易である．コンピュータに装備されている音源の多くは，FM音源とかPCM音源と呼ばれるものである．音の三要素は初めにも述べたように，周波数(音程)，振幅(音量)，波形(音色)で決まるが，任意の波形の音は，サイン波もしくはコサイン波の重ね合せで表わすことができる．このことは，図2.3のところでも説明した．波形が複雑になれば，それだけ重ね合せの波の数も増やさなければならない．波形が決まれば，その周波数を変更することにより，音程を連続的に変えることができる．また振幅をかえることにより音の大きさも制御できる．以下にいくつかの合成方法を紹介しておこう．

シンセサイザ

■ **シンセサイザ**(アナログ方式)　1965年にR．ムーグによって最初にシンセサイザと呼ばれる電気的に音を発生させる装置が実用化された．これは，入力電圧により発振器を制御し，発振信号をつくり出す．そして音の3要素を時間的に変化させて合成するというものであった．最初は，ひとつの音しか出せないモノホニックであったが，和音，コードなども発生できるように改良されてきた．

デジタルFM音源

■ **デジタルFM音源**　音色の異なる複数の音源のデータをROMから読み出し，重ね合せることにより，本物の楽器音に近似させる．ROM内のサイン波の組み合わせによって無限に近いさまざまな音を作り出すことが可能となった．

PCM音源

■ **PCM音源**　本物の楽器信号をPCM録音してこれを再生する．サンプリング方式とも呼ばれている．また，前後の信号の差分値を記録するADPCM音源もある．これだとデータを少なくすることができる．

MIDI：Musical Instrument Digital Interface

■ **MIDI**　電子楽器とコンピュータとの接続，制御方式を定めたプロトコル規格がMIDIと呼ばれるものである．MIDIは，少ない情報で，音楽を表現するのに必要なパラメータを伝送して制御できるようになっている．

MIDIシーケンサと呼ばれるソフトを用い電子楽器とコンピュータを接続することによりさまざまなことが行える．たとえば，MIDI端子を有する電子楽器で演奏することで楽譜を入力したり，逆に，コンピュータに入力したMIDIファイルをMIDI音源により再生させたりすることができる．MIDIでは細かい制御が可能であり，テンポを変えたり，各パートごとに入力したものを全体で演奏するといったこともできる．

2.6 音声認識

音声認識

音声認識はかなり古くから研究されてきたが，ようやく実用化されだした．今まで実用化が遅れたのは，音声認識の場合，男性，女性による違いや，また同じ男性でも個人差が大きいこと．さらに同一人物でさえ，話すときの環境や単語か文章なのかで違いがあるからである．ここでは，音声認識の概説をする．普通，言葉を分解していくと，文節，単語，音節，音素というものに分解される．音声認識では，まずこの音素，音節を識別することから行われる．これには，以下に述べるホルマント分析が利用されるのが一般的である．ホルマント分析というのは，音声はふつう特別の周波数領域のいくつかに大きな山をつくる(共振周波数)．この領域の中心周波数をホルマント周波数というが，これは母音に対して特徴をもっていて，この位置を分析することで母音の判別が可能となる．

ホルマント分析

共振周波数

次に単語を認識するわけであるが，発声の不安定さ(ピッチ周波数の変動や，時間長の変動)のためになかなか難しい．最も単純な方法は，単純マッチング法というもので，いくつかのサンプルをあらかじめ収録しておき，その波形との類似性を照合するというものである．しかし，実際には，発音長の違いなどから発声の始めと終わりの長さを揃える時間軸の正規化という操作が必要となる．

単純マッチング法

DPマッチング

一方，DPマッチングというのは，音素ごとに非線形に長さを調節してサンプルと照合するという方法である．また，もう1つの方法として，入力音声を周波数に分解して，その係数比のパターンとサンプルのパターンの一致確率の高いものを見つけるHMMという方法もある．

HMM：隠れMarkov Model

さて，単語がある程度認識されたとしても文章の認識にはならない．特に通訳電話などでは，会話音声の構文を解釈し，意味分析を行わなければならない．しかも，会話となると対象となる単語数も多く，全数をあらかじめ登録しておくことはできないし，単語によってはかなり類似のものも出てくる．

われわれは，日常の会話ではどのようにして音声を認識しているかといえば，個々の音素を1つずつ認識しているのではなく，単語あるいは文節ごとのまとま

図 2.8 音声認識の方法

りとして認識し，不鮮明なところは，経験から予測して文全体の意味を理解している(図2.8)．そのため，その話題に関する背景知識，文法的構造(構文知識)，単語間の相互関係などが要素となっている．そこで，コンピュータにおいても一字一句を正確に認識させることが重要なのではなく，その内容を認識させることが重要であるという考え方がある．つまり音声認識そのものではなく，音声理解システムである．音声理解システムには，大きく分けて3つの方法が考案されている．

音声理解システム

階層モデル

■ **階層モデル**　音響分析，音素認識，単語認識，意味理解などのサブシステムを階層的につみあげ，処理結果を下位レベル(音響分析)から上のレベルに渡していく bottom-up 制御と，上位レベルである程度結果を予測し，下位レベルに渡しその予測を検証していく top-down 制御，および両者を組み合わせた制御方法などがある．ただし，これは大規模システム向きで，実時間処理は難しい．

ブラックボードモデル

■ **ブラックボードモデル**　知識を IF-THEN の形で表す知識ベースシステムである．ブラックボードと呼ばれる部分に仮説が階層的に定義され，特定の仮説レベルまたは，レベル間に対して仮説を評価していく．下位レベルから上位レベルに向かって順次仮説が生成されるが，複数個の仮説が生成されたときは，上位から下位にもどり，候補をしぼるように作用する．これも大規模システムが必要であり，実時間処理にはむかない．

ネットワークモデル

■ **ネットワークモデル**　各サブシステムの知識がネットワーク的に関係づけられていて，下位レベルの解析結果がどのパスと最もよく整合するかを探索しながら処理を進める．これは小規模システム向きで，実時間処理にも適している．

　一方，最近では，計算機の演算処理能力の向上から，入力と同時に音節ごとにサンプル波形と比較していき，単語を認識していくという方法で行うのもある．もっともこの場合は，意味認識を行うためには，やはり音声理解システムのような手順が必要となるが，単語だけでも十分役に立つこともある．たとえば，電話番号なども相手の名前だけいえば，対応する番号に自動的につないでくれるとか，切符の自動販売機などの場合は，単語が認識されるだけでも十分である．

2.7 音声認識の応用例

音声合成の場合もそうであるが，音声認識それだけを利用するよりも音声合成と組み合わせて利用するとより便利になるものが多い．以下に示したのは，その一例である．

- 道案内システム，音で反応するカーナビ，案内板[合成・認識]
- 自動販売機，自動切符販売機，キャッシュディスペンサー[認識]
- 語学学習，自動翻訳，通訳サービス[合成・認識]
- 自動電話交換手，自動電話応対システム，インターフォン[合成・認識]
- 声紋チェックによる人物認識(鍵の代わり)[認識]
- キーボード入力の代わり(音声入力，AUI，OPACなど)[認識]
- 自動速記，テキスト入力，音声入力ワープロ，音声対応電子手帳[認識]
- 自動朗読，図書を音声で読む[合成]
- 応対ロボット(窓口，受付，防犯，話し相手，家事)[合成・認識]
- 会話ロボット(話し相手，筆談のかわり)[合成・認識]
- 車の操縦[認識]
- 音声を利用した家電機器，明りのスイッチ，ビデオの予約[認識]
- 犯罪に利用されてしまう[合成]

GUI：Graphical User Interface

AUI：Audio User Interface

実は，上記の例は学生に現在，将来を含めて音声合成・認識で利用価値の高いものを聞いたみたときの回答例である．道案内システムは，カーナビではすでに音声で行うものも出ているが，駅などにある案内板も聞き手の言葉を解釈して音声で答えられるものがあればよいということである．

自動販売機や切符販売機の場合は，音声認識のみであるが，確認のために音声合成も必要かもしれない．ただ，自動販売機の場合は，現行のボタンを押すというほうが，効率はよいかもしれない．切符の販売機は，行き先の料金を調べなくても行き先を述べれば料金を教えてくれれば便利かもしれない．ただし，現在の料金を入れてボタンを押すだけの場合でも混雑時には長い列ができているので，これも効率が問題となろう．キーボードの代わりという意見も多かったが，GUIからAUIへと代わっていくのではないかという意見もあった．ワープロ，電子手帳の入力もそういう意味では同じである．応対ロボットとか会話ロボットというのも夢があるが，実用化にはまだ時間を要するにちがいない．車の操縦というところは，安全性の点でいろいろと問題点もあるが，ワイパーの操作とか，ライトのスイッチとかを音声認識でオンオフすることにより，運転操作以外の手の動きをなくそうとするものである．ただし，車の中は以外と騒音やラジオなどの音

が氾濫している場合もあり，誤動作の原因ともなりかねない．これらの操作は別のセンサーによっても実現可能と思われる*．最後に犯罪に使われるのではという意見もかなりあったが，これは音声合成により他人になりすますことができればという仮定の上での話である．

　このように音声合成，認識が実用化されれば，かなり多くのことに利用できることがわかる．音声合成に関しては，すでに一部実用化されているが，音声認識の方も一部制限された形で実用化されている．マルチメディアにおける音声情報の役割は，単に音を再生出力するだけではないということを理解していただきたい．

*たとえば，雨が降ってくれば自動的にワイパーを動かすなど

3章 画像情報処理

画像は視覚情報メディアであり，2章で述べた音声などの聴覚情報メディアとともにマルチメディアを構成する．ここでは，コンピュータで画像を処理するデジタル画像処理技術に関して述べる．

3.1節では，まず，画像情報処理技術の全体像を概説する．ついで，本章で扱うデジタル画像処理について定義する．さらに，デジタル画像処理に関連する科学・技術分野にはどのようなものがあるのか，応用領域にはどのようなものがあるのか，について順次説明する．

3.2節では，デジタル画像処理で使われる要素技術について，実際の処理結果を例示しながら概説する．

3.3節では，画像の認識技術として，文字認識技術を例にとり，その全体像を詳しく説明する．

3.1 画像情報処理とは

3.1.1 広義の画像情報処理

画像情報とはどのような情報をさすのだろうか．画像情報とは平面的な広がりをもった情報のことである．つまり，平面上の各位置に対応した値をもち，かつ，それらが近隣の値と相互に関連をもっている情報のことである．

画像情報をこのようにとらえてみると，風景などの視覚情報以外にも，人に見えるように表現された2次元的データなどがすべて含まれるため，画像として扱われる情報がきわめて多いことに気がつく．したがって，画像情報を処理するためには，まず，種々の情報を画像情報として表現する可視化処理が大切である．

ひとたび，画像情報として表現された情報には，その後どのような処理が施されるのであろうか．それは，**情報理論**や**通信工学**の基礎概念から容易に想像することができる．すなわち，画像情報を符号化したり，伝えたり，蓄積したり，加

情報理論

通信工学

工したり，検索したり，わかりやすいように表示したり，といった一連の情報処理過程に対応した種々の処理が考えられる．

このようにさまざまな観点があり，各観点ごとにさらに多くの処理に分類することができる．したがって，一概に画像情報処理といっても，その内容はきわめて多岐にわたる．ここでは，画像情報に変換されたあらゆる情報に対するあらゆる種類の処理を，**広義の画像情報処理**と呼んでおこう．たとえば，次のように広義の画像情報処理を分類している例もある[16]．

① 画像生成…種々の情報を画像の形で記録する（または画像をつくり出す）．

② 画像表示…画像情報を人に提示する種々の手法・技術で，マン-マシンインターフェイスの役割をもつ．

③ 画像伝送…画像情報を空間的に離れた場所へ転送する．

④ 画像の記録…画像情報を時間的に離れた時点へ伝送する．

⑤ 画像蓄積・検索…画像データベースの作成と検索．

⑥ 画像変換…画像の品質改善，ぼけや雑音の除去，特定成分の強調などを行う処理．および機械による画像認識処理の前処理．

⑦ 画像認識・記述…画像から情報を自動計測したり，画像の内容に関する判断，理解を自動的に行う．

3.1.2 デジタル画像処理の定義

上述したように広義の画像情報処理は種々の観点からみることができる．したがって，画像情報処理全体を網羅するには非常に広範囲な技術領域が必要となる．そこで，ここでは画像情報を表現する方式，および画像情報を処理するシステムへの入出力情報の種類，という2つの観点から画像情報処理を分類した後，本章で扱う画像情報処理の範囲を規定する．

（1）画像を表現する方式からの分類

アナログ処理とデジタル処理の2方式に大別できる．アナログ処理では，画像情報をレンズを通して写真として取り込み，それを印刷出力するまでの間に，変形や誇張などの処理を行ったり，映像信号のまま処理を行ったりするものである．デジタル処理では，画像はデジタルカメラやスキャナなどで離散的な数値に変換されて，コンピュータ内部に取り込まれる．コンピュータ内では，画像に対して種々の数値演算処理が行われる．両者の性質を表3.1に整理して示す[17]．表3.1に示したようなメリットがあるため，また，最近のコンピュータ技術の飛躍的な発展のため，デジタル処理は大きな進歩を遂げている．

広義の画像情報処理

*上つきの数字1），2）…は参考文献番号を示す．参考文献は200ページ以降を参照．

3.1 画像情報処理とは

表 3.1 アナログ処理とデジタル処理の特徴
(村上伸一：画像処理工学[17] より改編)

分類	概要	特徴	処理例
アナログ処理方式	レンズ系や写真の現像技術などを利用して，特徴抽出や画像変換を行う	・高速処理が可能 ・手順が煩雑 ・精度に難点 ・再現性が困難	・レンズ系によるフーリエ変換 ・写真の現像過程によるエッジの強調
デジタル処理方式	画素ごとに数値化して，演算処理によって特徴抽出や画像変換，認識などを行う	・精度が良い ・再現性がある ・取扱いが簡単 ・汎用性がある	・衛星写真のノイズ除去 ・医用X線写真のスクリーニング ・人物写真の同定

（2） 入出力情報の種類による分類と本章で扱う画像情報処理の定義

画像情報処理システムへの入出力情報の種類という観点から分類することもできる．たとえば，以下のように分類することができる[16,18]．

① 画像を入力して画像を出力する．
② 画像を入力して記号を出力する．
③ 記号を入力して画像を出力する．
④ 物理現象を入力して画像を出力する．
⑤ 画像を入力して物理現象の記述を出力する．

①では，画像に含まれる雑音を除去したり，コントラストを強調したり，アフィン変換* などによって位置や形状を変形させたり，フーリエ変換* やフーリエ逆変換などを行って画像をぼかすなど，画像から画像への変換処理が行われる．その主目的は画質の修正や改善にある．ここでは，これを**狭義の画像処理**と呼ぶことにする．一般に狭義の画像処理では，画像面の全体にわたって一様な演算処理を施すことが多い．

②では，1枚の画像を構成している各種の構造要素を抽出して，この画像が表している内容を認識・記述する処理が行われる．たとえば，人が室内で勉強している，という画像を考えてみよう．人物，机，窓などが存在するので，まず，これらの各領域を抽出する処理が行われる．ついで，各領域やそれらの配置関係を識別する処理が行われ，「人が，いま，勉強をしている最中である」という認識・記述結果が出力される．この一連の処理は**画像解析**と呼ばれる．画像解析を具体的に行うには，特徴と呼ばれる基礎的な要素をまず抽出しなければならない．たとえば，ある局所的な画像領域における濃度変化とその方向の値を各画素

*3.2.2項に記述されている．

狭義の画像処理

画像解析

に付与するエッジ抽出処理などが行われる．これらの特徴を用いて，より広い領域に対する処理が行われる．一般に，特徴は認識目的に応じて種々のものが考えられる．また，階層的にも定義され得る．さらに，特徴を用いた識別処理が行われる．

狭義の画像処理が画像面全体に対する一様な処理であったのに比べて，このレベルでは，局所的領域に依存した処理になることが多い（もちろん狭義の画像処理を基本的に必要とすることはいうまでもない）．したがって，狭義の画像処理技術に比べると，格段に複雑な技術となる．ここでは，これを**高度な画像処理技術**と呼ぶことにする．

　高度な画像処理技術

③以降については省略するが，詳細は文献[16,18]を参照されたい．

一般にコンピュータで行う画像処理といえば，①と②をさすのが普通である．本章でも，デジタル処理であって，画像変換から画像の認識・記述までの範囲を画像情報処理の対象と定め，これをデジタル画像処理と呼ぶことにする．

3.1.3 関連する科学・技術分野

デジタル画像処理を上述したようにとらえた場合，これに関連する科学・技術分野にはどのようなものがあるかを整理してみよう．ここでは，特に関係が深いものをあげてみる．

パターン認識

パターン認識との関係はきわめて密接である．後述するように，パターン認識とは，境界が不明瞭な複数のクラスが存在するときに，これらをできるだけ誤りが少ないように分類すること，あるいはそのための理論をさす．したがって，画像の認識・記述には，狭義の画像処理技術やエッジなどの特徴を抽出する技術に加えて，パターン認識が関わるのは自然である．

より確実な認識を達成するためには，さらに，クラスがもっている性質を利用する．このためクラス内やクラス間の構造を記述した知識が導入される．各種の知識構造を記述したり処理する技術は，**人工知能**の分野において古くから研究されてきた．したがって，デジタル画像処理は人工知能ともきわめて深い関係にある．いずれにしても，より知的で高度なデジタル画像処理となっていくためには，種々の関連科学と結びつくことは必然といえる．

人工知能

一方，広義の画像情報処理としては重要な位置を占めるものの，本章で扱うデジタル画像処理とは区別して考えるべきものに，**コンピュータグラフィックス**（CG）がある．3.1.2項で示した分類によれば，CGは③の"記号を入力して画像を出力する"に相当するもので，数値データを入力とし，演算によってつくられた画像や映像を出力とするものである．しかし，最近では，CGの技術がデジタ

コンピュータグラフィックス

ル画像処理技術に影響を与え，それを発展させている．CG については5章においてとりあげる．同様に，広義に解釈した画像情報処理には，物理，化学，数学，電子・通信工学など数多くの学問・技術がいたるところに関与する．とりわけ，画像情報の記録に関しては物性物理学や材料工学に期待するところが大きい．これらについては，6章にて述べる．

3.1.4 応用領域

デジタル画像処理の応用領域を以下に分類して示す．

文書・図面認識　**文書・図面認識**は代表的なものといえよう．これは，文書・図面中にある文字，写真，帳票，特殊な記号などを自動的に分離して認識し，その内容を出力するものである．文書認識については，3.3.4項にて述べる．建築設計図面認識などへの応用も展開されている．

医用画像処理　**医用画像処理**も代表的な応用領域である．医学分野では画像情報が大量に発生する．たとえば，X線画像を正常と異常とに自動的に振り分けるために，画像パターン認識などの研究が行われている．

リモートセンシング　**リモートセンシング**も代表例である．人工衛星から送られてくるマルチスペクトル画像を解析して，地表上の各種領域に関する統計処理などに応用されている．

このほか，各種産業向けに画像処理システムが数多く開発されている[19]．たとえば，製品の自動計測，不良品の判別，薬品の選別，駐車場自動管理システム，車のナンバーの認識システム，人物の流れの監視・計測システム，顔画像検出・認識システム，など多くのものがあげられる．応用システムを実現する上では，本章で述べる画像処理技術に加えて，各種センサからの物理量を画像情報化する技術が大切である．

最近では，インターネット上で数多くの画像情報が流通している．今後は，画像・映像情報の役割が爆発的に増加すると予想される．したがって，画像・映像情報を自動的にデータベース化したり，記録されている内容に基づいて検索する技術への要求が高まっている．これは **CBR** と呼ばれる．ここでも，デジタル画像処理技術が利用される．これを実現するには，画像・映像データを，画素がもっている物理的信号レベルから，特徴のレベル，意味のレベルにわたって階層構造化する総合的な技術が必要である[20,21]．

CBR：Content-Based Retrieval

3.2 要素技術

ここでは，デジタル画像処理に用いられる主要な技術について概説する．

デジタル画像処理システムは，図3.1に示すように画像入力部，画像処理部，画像出力部の3ブロックに大きく分けることができる．

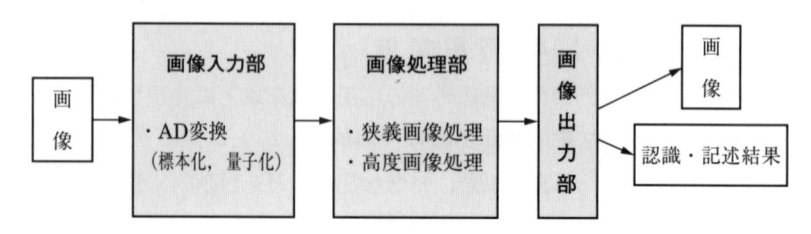

図3.1 デジタル画像処理システムの構成図

画像入力部では，画像の標本化，量子化などのアナログ-デジタル変換(AD変換)処理が行われる．画像処理部では，画像変換などの狭義の画像処理および画像の認識・記述などの高度画像処理が行われる．特に画像認識を主たる目的とした場合には，前処理，特徴抽出処理，識別処理とみなすことができる．画像出力部では，人にとってわかりやすい形で，画像処理結果を表示する処理が行われる．

なお，広義の画像情報処理の観点からは，これら3つのブロックにはいろいろな技術を割り当てることができる．たとえば，画像伝送という観点に立てば，画像処理部には，JPEG，MPEGなどの画像圧縮技術[22]などが，画像出力部には，CGによる画像表現技術等が割り当てられる．画像圧縮技術については，4章にて述べる．

以下では，画像入力部，画像処理部で行われる主要な技術について概説する．

3.2.1 入力技術

画像は2次元平面上で値が定義される2変数関数 $z_k = f_k(x, y)$, $(k=1, 2, ..., n)$ である．x, y は画像領域を表す変数であり，連続量である．z_k は座標 (x, y) における画像の濃度値を表し，連続量であり，通常は n 種類からなる．たとえば，白黒画像では1種類であり，カラー画像では，赤(R)，緑(G)，青(B)の3種類である．マルチスペクトル画像ではより多くの種類で構成される．

コンピュータは連続量(無限の数)を扱うことはできないので，x, y および z_k を，アナログ-デジタル変換処理によって，離散値(有限な数)に変換する必要がある．それには，空間の標本化処理および量子化処理が行われる．

3.2 要素技術

標本化処理　まず，空間の**標本化処理**について述べる．この処理は，連続している画像領域（無限個の座標 (x, y) で表される平面）を，離散的な画像領域（有限個の座標 (i, j) の集合で表される平面）に変換するものである．画像の横と縦の座標軸をおのおの XS および YS 個の区間に分割すると，画像は計 $XS \times YS$ 個の有限な数のます目に分割される．そこで，各ます目の原点座標 (i, j) に対応する濃度値だけを用いることにより，画像を標本化することができる．ます目の数を数段階に変化させて，標本化した例を図 3.2 に示す．ただし，画像の大きさは変えていないため，ます目内部はすべて同じ値を用いて表示した．ます目の数が減少するに従い次第に不明瞭になっていくのがわかる．なお，図 3.2 の原画像には，本来はアナログ画像を用いるべきであるが，ここでは，すでにデジタル化された画像を用いた．

量子化処理　次に，**量子化処理**について述べる．この処理は，各ます目における画像の濃度値 z_k を離散値にするためのもので，Q 個の離散値の 1 つに強制的に対応づける．Q を量子化のレベル数あるいは階調数という．目的にもよるが，普通は 8 ビット 256 階調が用いられる．Q を数段階に変化させて量子化した画像の例を図 3.3 に示す．Q が少なくなるに従い，画質が悪化して不鮮明になっていくのがわかる．

このように，デジタル画像は離散値 $z_{kq}=f_{kq}(i,j)$, ($q=1, 2, ..., Q$, $i=1, 2, ..., XS$, $j=1, 2, ..., YS$, $k=1, 2, ..., n$) を用いて記述される．よって，1 枚の画

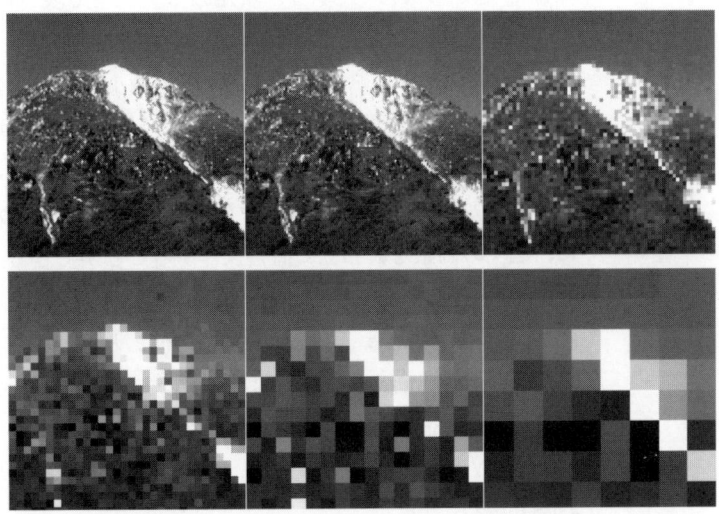

上段：左：原画像 (256×256 画素)，中央：128×128 画素，右：64×64 画素
下段：左：32×32 画素，中央：16×16 画素，右：8×8 画素

図 3.2　空間の標本化処理を施した画像（階調数 256 にデジタル化されている）

上段：左：原画像(8bit 階調)，中央：5bit 量子化画像，右：4bit 量子化画像
下段：左：3bit 量子化画像，中央：2bit 量子化画像，右：1bit 量子化画像

図 3.3 量子化処理を施した画像，原画像は 256×256 画素に標本化ずみ

像は Q 値からなる $XS \times YS$ 次元のベクトルで表される．これが n 種類あるのだから，最終的には，$n \times XS \times YS$ 次元の Q 値ベクトルで表される．

ある座標 (i, j) が示している画像中の微小領域を画素という．q の値をデジタル化された画像の濃度値という．XS，YS を，おのおのの画像の x 軸方向，y 軸方向の標本数という．標本数は画像のサイズとも呼ばれる．

デジタル化された画像は，計算機に取り込むことができる．以下に示すように，個々の画素を，独立に直接操作することができる．計算機内部では，画像は通常 2 次元配列に格納される．配列の種類としては，階調数 Q が 8 ビットであれば，バイトまたは character 配列が使われる．C 言語の記述法で書けば，unsigned char image[YS][XS] と書ける．たとえば，位置 $(100, 120)$ にある画素の濃度値を 255 に変換する処理は次のように書ける．

```
#define YS 256
#define XS 256
main()
{
```

3.2 要素技術

```
        int x, y;
        unsigned char image[YS][XS];
        …
        …
        x=100;
        y=120;
        image[y][x]=255;
        …
        …
}
```

折り返し
量子化誤差
標本化定理

　ところで，画像入力部において生じる主な問題点に，折り返しや量子化誤差がある．これらの問題が発生する仕組みをよく理解するには，標本化定理などの理論を学ぶ必要がある．

3.2.2 処理技術

　ここでは，狭義の画像処理，高度な画像処理の順に主な要素技術を概説する．画像の階調数が2値の場合と多値の場合とに分けて述べるのが普通であるが，ここでは両者を分けずに説明する．なお，特徴が抽出されたあとに行われる識別処理については，3.3節の文字認識技術の項にて述べるためここではふれない．

(1) 狭義の画像処理技術

濃度変換

　① 濃度変換　　画素の濃度値を別の値に変換する処理の総称である．代表的なものにコントラスト強調処理がある．この処理は，画素の濃度がある狭い範囲に分布している画像や濃度分布に片寄りがある画像を，より見やすい画像に変換するために行われる．濃度がある狭い範囲に分布するということは，システムが表現可能な階調幅を十分有効に生かしていないことを意味する．また，濃度分布に片寄りがあるということは，特定範囲の濃度値をとる画素が多く，それらの画素間で階調差が低下していることを意味する．このため，画像がもっている濃度

ダイナミックレンジ
濃度ヒストグラム

の変化幅(ダイナミックレンジ)がシステムで表現可能な階調幅の全域に広がるように，画素の濃度値を線形または非線形に変換する処理や，濃度ヒストグラムを平坦化する処理などが行われる．

　線形変換により画像のダイナミックレンジを拡大する処理，および濃度ヒストグラムを平坦化する処理によって，コントラストを強調した結果を図3.4に示す．

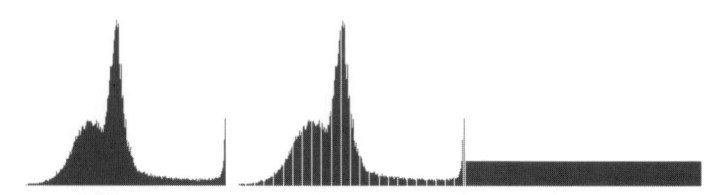

左：原画像(256×256画素, 8bit階調)．中央：線形変換によりダイナミックレンジを拡大した画像, 右：濃度ヒストグラムを平坦化した画像．下段は各画像の濃度ヒストグラムを示す

図 3.4　コントラスト強調処理を施した画像

鮮鋭化処理

側抑制機構

マッハ効果

② **鮮鋭化処理**　濃度変換の一種ともいえるが，これは，画像を見た人にとって，その印象をさらに高めることを目的とした処理である．人の目の網膜には側抑制機構が存在し，明るさや色が空間的に急変する部位では，その差がより強調される．この現象は心理学ではマッハ効果としてよく知られている．鮮鋭化処理は，これと同様の効果を狙ったもので，画像内で濃度値が変化する部位を選択的に強調するものである．空間微分処理の一種であるラプラシアン(後述)を各画素の濃度値から引くことによって実現される．鮮鋭化処理された画像の例を図3.5に示す．

図 3.5　鮮鋭化処理された画像(左：処理前, 右：処理後)

擬似カラー表示　　　③　**擬似カラー表示**　　白黒画像の各画素を，その濃度値に応じて異なる色に変換する処理をいう．画素の濃度値を，ある基準に従って変更する処理であるから，濃度変換といえなくもない．これは，人の視覚が濃度の変化よりも色の変化に敏感なことに対応しようとするもので，濃度の階調差をよりわかりやすく表現するために，複数の色を用いるものである．

幾何学的変換　　　④　**幾何学的変換**　　濃度変換が画素の濃度値に対する変換であったのに対し，これは位置座標に対する変換である．画像としての情報を得る段階で，何らかの幾何学的な歪が生じた場合に，それを補正するために行われる．また，3.3 節の文字認識技術の項でも述べるが，画像のサイズや位置を正規化するときにもこの処理が行われる．

　　この処理を行うには，変換元と変換先の両座標系間の関係を決定するために，数学的な手続きが必要である．拡大，縮小，回転，平行移動など座標系間の変換関係がわかっている場合には，1次変換やアフィン変換などの単純な演算によって実現することができる．アフィン変換とは，点 $A(x, y)$ を点 $B(X, Y)$ に移す座標変換をいい次のように記述される．

1次変換
アフィン変換

$$\begin{bmatrix} X \\ Y \end{bmatrix} = \begin{bmatrix} a_{11} & a_{12} \\ a_{21} & a_{22} \end{bmatrix} \begin{bmatrix} x \\ y \end{bmatrix} + \begin{bmatrix} x_p \\ y_p \end{bmatrix}$$

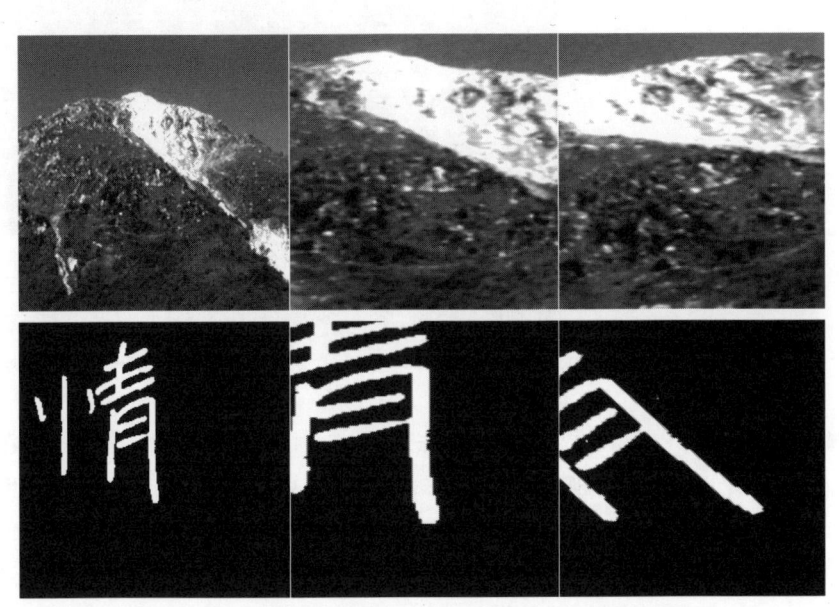

上段：左：原画像，中央：拡大処理した画像，右：回転後にさらに拡大した画像
下段：漢字「情」に同じ処理を行った結果

図 3.6　アフィン変換処理された画像（条件は本文を参照）

すなわち，1次変換と点 $p(x_p, y_p)$ への平行移動とからなる．アフィン変換によって処理された画像の例を図 3.6 に示す．図 3.6 中央には，$x_p=0$，$y_p=0$，$a_{11}=3.0$，$a_{12}=0$，$a_{21}=0$，$a_{22}=1.5$ なる変換を，図 3.6 右側には，$a_{11}=\cos 30°$，$a_{12}=-\sin 30°$，$a_{21}=\sin 30°$，$a_{22}=\cos 30°$ なる変換後に，さらに上記変換を施した結果を示す．

空間フィルタリング処理

フーリエ変換

⑤ **数学的変換** ぼかした画像や鮮鋭化した画像は，空間フィルタリング処理(後述，図 3.8)を行うことにより得ることができる．これと等価な処理を数学的な関数を用いて行うことができる．画像全面に対する積分変換処理であるフーリエ変換などがその代表例である．

フーリエ変換は使い方に応じて種々の解釈ができる．たとえば，エッジなどの局所的特徴を抽出する手段ともみなせる．また，低次のフーリエ係数が画像の大局的な形状を表現することから，大局的な特徴を抽出する手段ともみなせる．よって，高度な画像処理に属する処理とみなす場合もある．

パワースペクトル

画像に含まれる低周波成分だけを用いたフーリエ逆変換によって，一様にぼかされた画像の例を図 3.7 に示す．なお図 3.7 の中央には，**パワースペクトル**(周波数スペクトルの絶対値の 2 乗)を画像情報の形に可視化して表示した．

左：原画像，中央：パワースペクトル画像(中心部は直流成分を，周辺部は高周波成分を示す)，右：白丸内部の低周波成分のみを用いたフーリエ逆変換により得た画像

図 3.7 フーリエ変換画像およびその逆変換画像

孤立雑音除去処理

⑥ **孤立雑音除去処理** 画像中には種々の雑音が混在している．その中でも，孤立雑音を除去する処理をいう．孤立雑音とは，周辺画素に比べて極端に高いか，あるいは低い濃度値を示す画素のことで，ごま塩状の雑音とも呼ばれる．これは，着目する画素の濃度値を，周囲の画素との関係を考慮して，変換することにより実現される．たとえば，その画素の濃度値が周囲のそれらと類似していなければ，つまりこの画素に近い濃度値をもつ周囲の画素数が少なければ，これを雑音とみなし，周囲画素の平均濃度値に置換する．そうでなければ何もしな

い．これは，2値画像の雑音除去にもそのまま適用できる．

収縮処理
膨張処理

2値画像に対する別の方法としては，収縮・膨張処理がある．収縮処理とは，連結領域の境界を削る処理であり，膨張処理とは，太らせる処理である．たとえば，黒い背景をもった白い文字画像を対象とする場合を考えよう．この場合には，背景中にある白点雑音や文字領域中にある黒点雑音を除去することが考えられる．黒点雑音は，白領域を膨張処理してから収縮処理することにより除去することができる．白点雑音は，白領域を収縮処理してから膨張処理することにより除去することができる．

平滑化処理

⑦ **平滑化処理** 画素ごとに微小に変動する濃度値をなめらかにする場合に行われる処理である．この微小変動は雑音ともみなされるので，平滑化処理は雑音除去処理と考えることもできる．平滑化処理には以下のような方法がある．

移動平均法
メディアンフィルタ法
選択的局所平均化法

① 移動平均法
② メディアンフィルタ法
③ 選択的局所平均化法

加重マトリクス法

移動平均法は空間フィルタリングにより実現することができる．空間フィルタリングは，図3.8に示すように**加重マトリクス法**とも呼ばれ，マトリクスの各要素とこれらに対応する各画素との間の積和演算（図3.8(c)）によって実現され

A	B	C
D	E	F
G	H	I

(a) 加重マトリクスの値

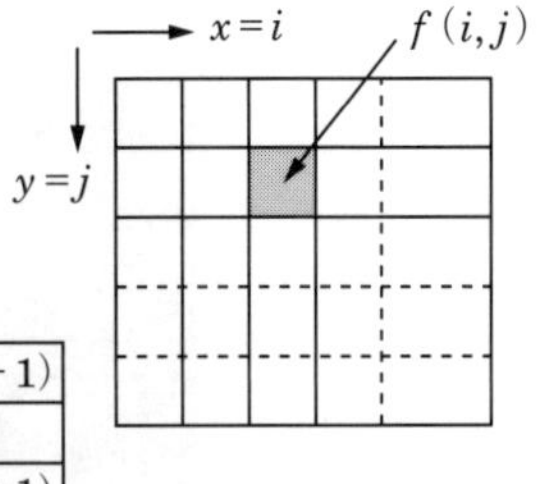

$f(i-1,j-1)$	$f(i,j-1)$	$f(i+1,j-1)$
$f(i-1,j)$	$f(i,j)$	$f(i+1,j)$
$f(i-1,j+1)$	$f(i,j+1)$	$f(i+1,j+1)$

(b) 画素$(x=i, y=j)$の濃度値$f(i,j)$

$$f(i,j) = A \times f(i-1,j-1) + B \times f(i,j-1) + C \times f(i+1,j-1)$$
$$+ D \times f(i-1,j) + E \times f(i,j) + F \times f(i+1,j)$$
$$+ G \times f(i-1,j+1) + H \times f(i,j+1) + I \times f(i+1,j+1)$$

(c) 加重マトリクスにより処理された画素$f(i,j)$の値

1/9	1/9	1/9
1/9	1/9	1/9
1/9	1/9	1/9

(d) 移動平均法に用いる加重マトリクスの一例

図3.8 空間フィルタリング法（加重マトリクス法）

オペレータ

る．加重マトリクス法はこのような操作(オペレーション)を意味するため，加重マトリクスのことを**オペレータ**ともいう．移動平均法で使われる加重マトリクスの要素値の一例を図3.8(d)に示す．また，移動平均法は，ごま塩雑音除去処理としても使うことができる．上述したごま塩雑音除去処理においては，着目画素の値を周囲画素の平均値で置換したが，平滑化処理では，これをマトリクス内の平均値で置換することになる．

移動平均法は画像中の高周波成分を捨て去るため，この処理を施すことにより，濃度値が急変する部位(エッジと呼ばれる)がぼけることになる．したがって，この処理をくり返し適用したり，空間フィルタのサイズを大きくする場合には，この観点からの注意が必要である．

メディアンフィルタ法は，着目画素の濃度値を，着目画素とその周囲画素の濃度値の中で中央に位置する値(メディアン)に置換する方法である．

選択的局所平均化法は，着目画素の周囲でエッジを含まない局所領域を探し，その内部の平均濃度値を着目画素の濃度値とみなす方法である．

移動平均法に比べて，メディアンフィルタ法と選択的局所平均化法はぼけが少ないという長所を有する．

移動平均法およびメディアンフィルタ法による平滑化処理の結果を図3.9に示す．

左：原画像，中央：移動平均法，右：メディアンフィルタ法

図3.9　平滑化処理の結果

（2）　高度な画像処理技術

エッジの検出

① **エッジの検出**　　画像解析の第一歩は領域分割処理である．この処理に用いる基礎特徴の1つにエッジがある．これは濃度が変化する画素の位置を意味し，これらを連ねれば領域分割が実現できるとの考え方から，大変重要視されるものである．エッジは画像に対する空間的な微分操作，具体的には，差分操作の結果とみなせる．

3.2 要素技術

x方向への偏微分をΔx, y方向への偏微分をΔyとすると，これらは次のように定めることができる．

$$\Delta x = \frac{\partial f(x,y)}{\partial x} = f(i,j) - f(i-1,j)$$

$$\Delta y = \frac{\partial f(x,y)}{\partial y} = f(i,j) - f(i,j-1)$$

ここで，$f(i,j)$は画素(i,j)の濃度値を示す．iはx軸方向の，jはy軸方向の画素の番号を示す．これらの差分計算は，加重マトリクス処理によって簡単に行うことができる．また，差分の求め方には，以下のように種々の考え方がある．

① この定義通り各画素単位で行うもの
② 複数画素間を単位として行うもの
③ 複数画素中の特定の画素を特に強調して行うもの

ラプラシアン　さらに，2次微分やその一種であるラプラシアンなどもある．これらを適宜選択して使うことにより，雑音点の影響を低く抑える，画像全域にわたる一定勾配の影響をなくする，などが可能になる．

また，微分を計算するのではなく，傾斜方向を意味するマスクを複数用意して，これらと画像との相関を計算し，最もよく一致するマスクがもっている方向と相関値を，エッジとする方法もある．具体的なエッジ検出法としては，Sobel, Prewitt, Kirschなどの方法が知られている．図3.10に主な手法のオペレータを示す．図3.11にSobel法で抽出されたx方向およびy方向微分画像を示す．

Sobel (x方向)			Sobel (y方向)			Prewitt (x方向)			Prewitt (y方向)			Laplacian (4方向)		
-1	0	1	-1	-2	-1	-1	0	1	-1	-1	-1	0	1	0
-2	0	2	0	0	0	-1	0	1	0	0	0	1	-4	1
-1	0	1	1	2	1	-1	0	1	1	1	1	0	1	0

Kirsch (0°方向)			Kirsch (45°方向)			Kirsch (90°方向)			Kirsch (135°方向)		
-3	-3	5	-3	5	5	5	5	5	5	5	-3
-3	0	5	-3	0	5	-3	0	-3	5	0	-3
-3	-3	5	-3	-3	-3	-3	-3	-3	-3	-3	-3

Kirsch (180°方向)			Kirsch (225°方向)			Kirsch (270°方向)			Kirsch (315°方向)		
5	-3	-3	-3	-3	-3	-3	-3	-3	-3	-3	-3
5	0	-3	5	0	-3	-3	0	-3	-3	0	5
5	-3	-3	5	5	-3	5	5	5	-3	5	5

図3.10 主なエッジ検出法のオペレータ

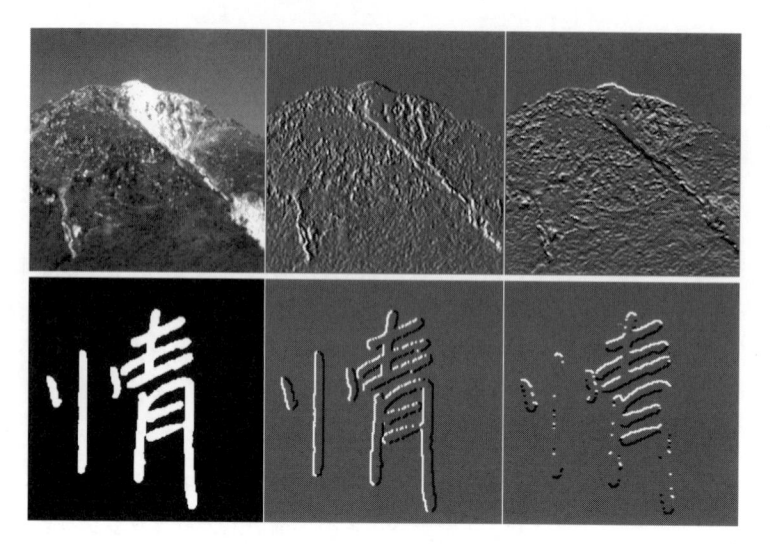

上段下段とも，左：原画像，中央：x 方向微分画像，右：y 方向微分画像

図 3.11　Sobel 法による微分画像

濃度勾配の検出

② **濃度勾配の検出**　空間的な微分では，濃度の変化率の強さとともにその方向の情報が有用である．上述したエッジ検出処理は，エッジの方向に感度をもつものが多い．そこで，エッジの強さ（方向に依存しない値）とエッジの方向とを各画素に与えるには，以下に示す勾配が使われる．

濃度勾配の強さ：$\sqrt{(\Delta x)^2+(\Delta y)^2}$

濃度勾配の方向：$\tan^{-1}\left(\dfrac{\Delta y}{\Delta x}\right)$

ここで，$\Delta x = f(i,j)-f(i-1,j)$, $\Delta y = f(i,j)-f(i,j-1)$

この式によって，方向に感度をもつ Sobel 法などを用いて，濃度勾配の強さと方向とを求めることができる．また，下記の式で定義される Roberts の方法も知られている[19]．

濃度勾配の強さ：$\sqrt{(\Delta u)^2+(\Delta v)^2}$

濃度勾配の方向：$\dfrac{\pi}{4}-\tan^{-1}\left(\dfrac{\Delta v}{\Delta u}\right)$

Prewitt
Laplacian
Sobel
Roberts
Kirsch

ここで，$\Delta u = f(i+1,j+1)-f(i,j)$, $\Delta v = f(i+1,j)-f(i,j+1)$

図 3.12 に Prewitt, Laplacian, Sobel, Roberts, Kirsch の各方法によって得た勾配画像を示す．

線分の検出

③ **線分の検出**　エッジの集合は画素の集合であって領域を表す一連の線ではない．線分を検出するには，線分との相関を計算する加重マトリクスを用いる

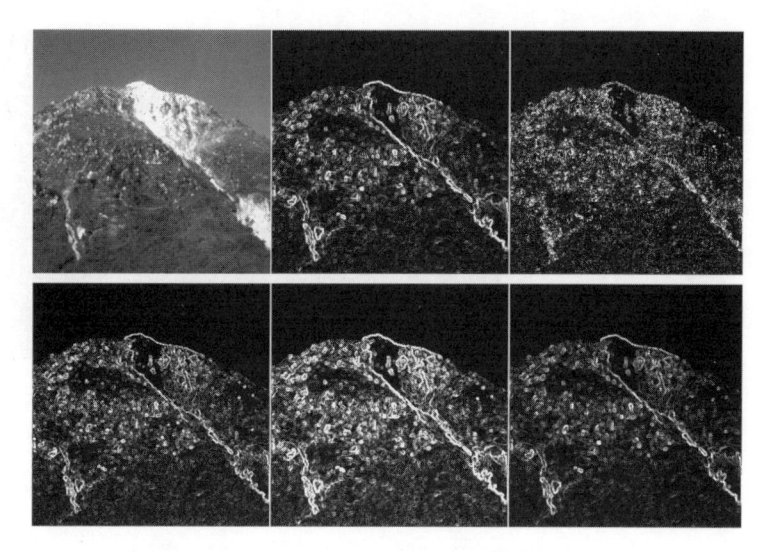

上段　左：原画像，中央：Prewitt法，右：Laplacian,
下段　左：Sobel法，右：Roberts法，右：Kirsch法

図3.12　勾配画像

ハフ変換

方法，エッジを追跡して線を出す方法などがある．また，線の種類が直線や円として，あらかじめわかっている場合には，ハフ変換が使われる．直線検出用ハフ変換とは，直交座標系におけるある直線上に並ぶ各点は，極座標系においては，ある同一点を通過する軌跡を描くことに着目して，画像内の直線部分を検出する方法である．加重マトリクス法による検出結果を図3.13に，ハフ変換による検

横方向直線分検出

-1	-1	-1
1	1	1
-1	-1	-1

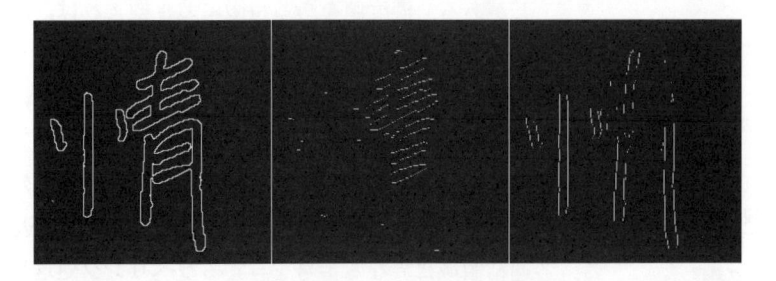

縦方向直線分検出

-1	1	-1
-1	1	-1
-1	1	-1

左：原画像，中央：横線分検出結果，右：縦線分検出結果

図3.13　線分検出用加重マトリクスの要素と検出結果（漢字「情」）

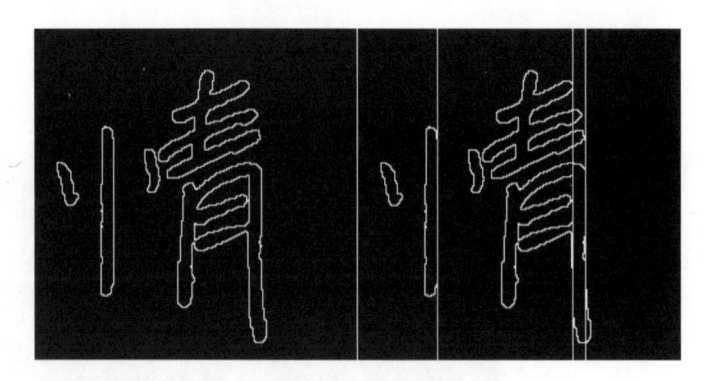

左：原画像（256×256画素）
右：直線検出結果（長さ80画素以上の直線3本が検出されている）

図 3.14 ハフ変換による直線の検出結果（漢字「情」）

出結果を図 3.14 に示す．

④ **領域の検出**　同一または同様な特徴を有する領域を検出する処理をいう．エッジを基礎的な特徴ととらえる方法と相補的になる考え方である．エッジを基礎におく方法では必ずしも閉領域が求まるとは限らないが，この方法では必ず閉領域が求まる．

以下のような方法が知られている．

① しきい値処理によって領域を分割する方法．たとえば，画素の濃度値を2値化して，2種類の領域に分割する方法，各画素の色をしきい値処理して複数の領域に分割する方法などがある．

② 小領域を順次統合していく方法．たとえば，着目画素の近傍で，あるしきい値以下の濃度値をもつ画素，つまり似ている画素を順次統合していく**単純領域拡張法**，ある微小領域内で画素濃度の累積頻度分布を求め，その類似性に基づいて，微小領域同士を順次統合していく統計的仮説検定法などがある．濃度値をある特徴におき換えれば，画素の特徴に着目した領域統合法になる．

③ 特徴空間において，適当な類似性基準を定め，それに基づくクラスタリング処理を行って，いくつかの領域に分割する方法．

なお，2値画像処理においては，連結している画素を順次結合することにより連結領域を得ることができる．これには，**4 または 8 近傍**成分に基づく方法がある．各連結領域に異なる番号を与える**ラベリング処理**により，各領域を分離抽出することができる．ラベリング処理によって検出された連結領域を図 3.15 に示す．

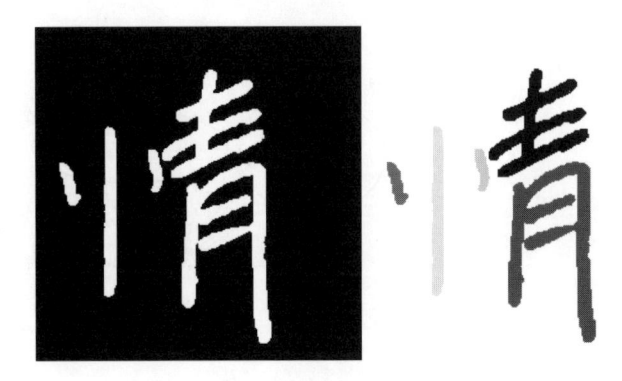

左：原画像，右：得られた連結領域(濃淡表示)

図 3.15 ラベリング処理によって分離された連結領域(漢字「情」)

テクスチャの検出　　⑤ **テクスチャの検出**　　一様な分布ではあるが微細で不規則な変動を含む領域を統計的テクスチャ，規則的で一様なくり返し構造をもつ領域を構造的テクスチャという．前者には，砂地，芝生などが，後者にはレンガ文様などがある．画像中からこれらの領域を抽出したり，異なったテクスチャの領域に分割する処理をテクスチャの検出処理という．検出に用いる特徴量とその使い方に応じて，統計的手法と構造的手法とに大別される．

識別処理　　⑥ **識別処理**　　抽出された特徴や領域などからさらに上位の概念を組み立てるには，これらを識別する処理が必要になる．識別処理については 3.3 節にて述べる．

3.3　文字認識技術

3.2.2 項で述べたように，入力した画像に対する特徴抽出処理が終わると，特徴に対して何らかの判断を下す識別処理が行われる．前処理，特徴抽出処理，識別処理という一連の情報処理過程をパターン認識処理と呼ぶ．パターン認識処理の具体的な内容は，認識対象に依存する．ここでは，画像認識処理技術の例を文字認識にとり，その全体像およびそこで使われる種々の技術について説明する．

3.3.1　パターンとパターン認識

パターン
カテゴリ
クラス

パターンとはある 1 つの概念を表す実体(量)をいう．そして，個々のパターンはある広がった範囲に出現する．この概念を**カテゴリ**とか**クラス**と呼ぶ．つまり，概念，カテゴリ，クラスとはパターンの広がり範囲全体をカバーする意味を

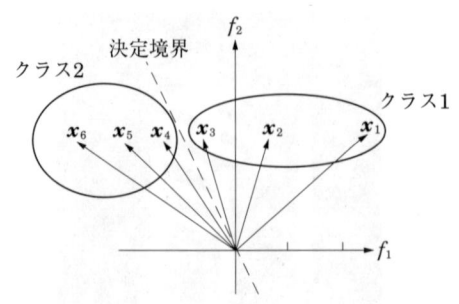

$(f_1 - f_2)$：パターン空間または特徴空間

x_i：パターンベクトル（または特徴ベクトル）
f_1, f_2：パターン（または特徴）を意味し，パターン（または特徴）空間を形成する軸になる．これらの軸をこの空間の基底ともいう．
点線：クラス1と2を分ける決定境界

図 3.16 パターン認識の概念図

もつ．文字画像はまさに典型的なパターンである．印刷や筆記の仕方によってさまざまに変形し，広がりをもって出現する．いくら広がっても，「あ」と「い」のように，クラス間を明確に区別できるものもある．一方，「く」と「し」のように，少し不注意に筆記するだけで，両クラスが重なり，その境界が不鮮明になるものもある．

パターン認識とは，パターンが与えられたとき，それが属すべきクラスを決定することをいう．パターンをベクトルで表現した抽象的な空間で考えると，図3.16に示したように，両クラスを分離する直線（一般的には超曲面になる）を決定することをいう．したがって，与えられた量が画像であれ，音声であれ，あるいは，その他の抽象的な量であれ，パターンとしての性質をもつものであれば，パターン認識の対象になる．また，パターン認識では，クラス間は重なっていると考えておくのが普通である．

いくつかあるクラスの全体に対して，誤りを極力抑えて，それらを分類することがパターン認識の究極の目的である．この目的を達成するため，クラス間の最適な分割法や，学習によって最適な決定境界を構成するための理論などが数多く研究されてきた[23～31]．

特徴　これらの理論に基づく処理を実現するには，図3.16にも示したように，**特徴**と呼ばれる量が必要である．特徴は認識システムの性能を強く左右する．しかしながら，特徴とその抽出法は，認識対象の性質に強く依存する．このため，識別理論を除き，パターン認識を普遍的統一的に論じることはできない．実際には，音声，画像，文字，文字の中でも印刷文字と手書き文字，手書き文字の中でもさ

らに平仮名と漢字, などといった個別対象ごとに論じられる. 文字認識に限っても, これまでに多くの特徴が考案され, 実験的に評価されてきた[23~31].

識別理論と各種特徴については多くの考え方がある. 3.3.3項の文字認識技術の各論において, それらを分類して説明する.

3.3.2 文字認識方式の分類と研究の歴史

(1) 文字認識方式の分類

文字認識方式は光学的文字認識方式(OCR)とオンライン文字認識方式(OLCR)とに大別される. OCRは光学式文字読取装置(Optical Character Reader)[26], OLCRはオンライン文字認識装置(On-Line Character Recognizer)の略としても使われる. 本章では特に混乱がない限り, 方式と装置の両方の意味で, これらの略語を使うことにする.

OCRは, 文字を静止画像としてとらえ, 入力された文字画像情報を認識処理してその文字コードを出力する. 文字画像を得るには, スキャナやTVカメラ, デジタルカメラなどが使われる.

OLCRは, 文字を時系列信号としてとらえ, 入力された文字筆記情報を認識処理して文字コードを出力する. よって, OLCR方式は, 時系列信号のパターン認識処理と考えることもできる. しかし, 文字(2次元)情報を処理するという観点が基礎にあることに変わりはない. 筆記情報を得るには, タブレットと呼ばれるペンの動きを観測する装置が使われる.

(2) 研究の歴史

最初のOCRはオーストリアの特許に見出される. 入力文字と標準文字画像との重なり具合を, 光学的に計測して認識するものであった[25]. 計算機によるデジタル処理以降について概観すると, 印刷文字認識, 手書き文字認識の順に研究開発が行われてきた. 認識対象字種は, 数字, 英文字, 仮名, 漢字の順で拡張されてきた.

これまでに数多くのOCRが製品化され, 各種帳票の処理に効果を発揮している. 郵便区分機に手書き数字OCRが使われていることは周知の事実である. 最近では, パーソナルコンピュータ上で動作するソフトウエアとして製品が出回っている.

印刷漢字認識アルゴリズムの研究が成功を収める1970年代後半から, 最も困難とされた手書き漢字認識アルゴリズムの研究が活発になり, 今日まで続いている. この間に, 特徴の提案や識別法の改良が数多く行われた. 特に, 漢字の構造を分析して有効な特徴を発見しようとする一連の研究が精力的に行われた. その

結果，文字線の方向と位置情報が有効であることが明らかになってきた[32〜34]．

最近では，接触あるいは重なった文字を分離抽出する技術，背景つき印刷物中の文字を認識する技術，情景中にある文字を認識する技術などの研究開発が展開されている．

最初のOLCRは，料金請求票の自動処理を目的として，アメリカのベル研究所で提案された．筆記面上の定点からある方向をみて，そこに文字線があるかないかを判定する方式が使われた．これを**ゾンデ法**という．OLCR方式では当然手書き文字のみを認識対象とし，数字，英文字，仮名，漢字へと拡張されてきた．

ゾンデ法

これまでに，ワードプロセッサ，電子手帳，ペンコンピュータなどへの文字入力手段として製品化されている．最近では，パーソナルコンピュータ上の日本語入力用**FEP**としても使われている．

FEP：Front End Processor

漢字認識アルゴリズムの研究は以下のように展開されてきた．初期(1960年代後半〜1970年代前半)は，漢字を字画の形状に対応する記号の系列として記述し，それを各クラスを記述した判定論理と照合して識別する方法が主流であった．やがて(1970年代後半)，筆点の座標値を用いたマッチング法により，簡便で高精度な認識ができることが明らかになった[35]．この時代の方法は，筆順や画数などの筆記情報を利用していた．その後，これらの情報が変動した場合にも認識できるようにするための研究に移行していった．まず，筆順を自由にする方法[36]，ついで，筆順・画数を自由にする方法[37]などが開発された．また，OCRの認識性能が上がるにつれ，OCR認識法を用いる方法[38]，それとの併用手法[39]などが開発された．

最近では，**携帯型情報端末(PDA)**に応用するための研究が展開されている．

携帯型情報端末
PDA：Personal Digital Assistant

3.3.3 文字認識技術各論

文字認識系のブロックダイヤグラムを図3.17に示す．厳密にいえば，各ブロックの範囲を必ずしも明確に規定することはできない．しかし，機械の中ではこの順序で処理が進むといえる．ただし，ここでは，単純化するため，フィードバック処理は省いてある．識別処理の後に行われる知識処理を後処理と呼ぶ場合もあるが，ここでは，それも含めて識別処理と呼ぶ．

観測部では，文字情報をデジタル化する処理が行われる．文字入力装置には，OCRではスキャナが，OLCRではタブレットが主に用いられる．

観測部

前処理は，特徴抽出処理を行いやすくすると同時に，識別処理における曖昧さや無用な変動などを抑えるために行われる．たとえば，雑音除去処理，かすれや

前処理

3.3 文字認識技術

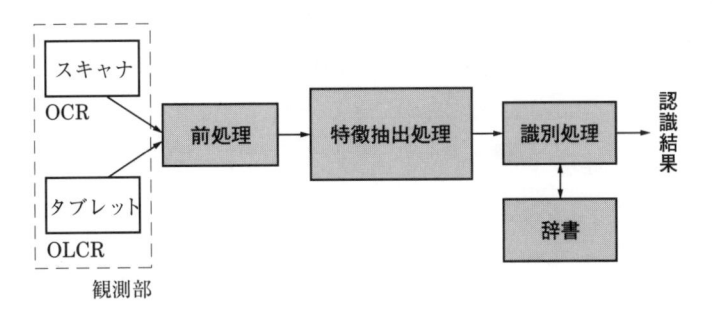

図 3.17 文字認識系のブロックダイヤグラム
(各ブロックへのフィードバックは省略した)

つぶれを極力抑えるための2値化処理，文字サイズの正規化処理などが，入力パターンに対して施される．この処理が終わった時点でも，入力パターンはまだ画像のままである．つまり，3.2.1項で述べたように，画像としての数値ベクトルで記述されたままである．この数値ベクトルつまりパターンを表現する空間を**パターン空間**という．

パターン空間

特徴抽出処理

特徴抽出処理は，識別処理で必要となる量や数値をパターンから取り出すために行われる．パターンが属するクラスとして本質的なものだけを残し，クラスとして相応しくないものを捨て去る，という一種の情報圧縮が行われる．ただし，単なる情報圧縮と異なるところは，認識したいクラスの集合が定まってはじめて意味のある情報圧縮基準が決まるところにある．この処理が終わった時点で，パターンは，より低次元の数値ベクトルや記号の集合で記述される．この空間を**特徴空間**という．よって，特徴抽出処理は，数理的には，パターン空間から特徴空間への写像といえる．

特徴空間

識別処理

識別処理では，パターンが属すべきクラスが決定される．具体的には，特徴と各クラスの辞書との間で，距離，類似度，一致の程度などの評価値が計算され，それに基づいた決定が行われる．特徴抽出処理と識別処理の間で，**大分類処理**が行われることもある．これは，処理速度を向上させるため，少数の候補をあらかじめ絞り込んでおく処理のことで，候補に対してのみ最終的な識別処理を施そうというものである．また，識別に有効な少数個の特徴を選出したり，低次元の特徴ベクトルに変換する処理をあらかじめ施しておく場合もある．この処理は**特徴選択処理**と呼ばれる．

大分類処理

特徴選択処理

知識処理

さらに，認識精度の向上をはかるため，**知識処理**が行われることも多い．これは，識別結果を再確認する処理である．たとえば，住所を認識する場合であれば，県名は漢字の各クラス間構造を規定する有効な知識になり得る．もし，住所

が「北晦道」と識別された場合には，そのようなクラス間構造は存在せず，「北・海・道」という構造が存在するという知識を用いて，これを「北海道」に修正することができる．

辞書 **辞書**は識別処理に必ず使われるもので，人でいえば，「あらかじめ知っている

表 3.2 特徴抽出法および特徴選択法の分類

(a) 特徴抽出法の分類

特徴抽出法の分類	説明，主な例など
(1) 数理的特徴抽出法	文字，画像，音声など特定のパターンに限定したものではなく，一般的な特徴抽出手段である．また，発見的に抽出された特徴を，より低次元の特徴に変換する特徴選択法としても使われる．以下のような方法がある． ①新しく別の空間を構成する方法（各種直交関数展開などがある）． ②部分空間を構成する方法（主成分分析や判別分析によるものなどがある）．
(2) 発見的特徴抽出法	研究者が認識対象の性質を総合的に分析して，特徴をつくり上げる方法である．直感に頼った手法ともいえる．数理的特徴抽出法以外に汎用な方法はないため，現実には，この立場から特徴が抽出される． 表 3.3 に示す識別手法に応じて特徴の表現法は異なる．マッチング法には数値ベクトルの形で，識別論理法には記号列の形で表現される． 手書き漢字のように，手書き変形がはげしい対象に対しては，手書き変形や文字の構造を解析するプロセスを経て，特徴が抽出される．特徴抽出の基本的な考え方は，構造の種類，抽出領域，記述法に分けて整理することができる（本文参照）． さまざまな特徴がこれまでに提案されている．印刷文字認識用には，原画像に近い特徴が，手書き文字用には，クラスの構造を反映する特徴がよく使われる．最近では，非線形正規化などの前処理を行うことによって，原画像に近い特徴が，手書き文字認識にも用いられている．

(b) 特徴選択法の分類

特徴選択法の分類	説明，主な例など
(1) 特徴の種類を変更しない方法	与えられた特徴を用いてある基準に基づく評価値を計算し，その値が高い少数個の特徴を選出する方法である．総当り法，逐次選択法（前向き，後向き法がある），などの選択手順がある．
(2) 特徴の種類を変更する方法	与えられた特徴ベクトルを，写像によって，より低次元のベクトルに変換する方法である．直交関数展開や主成分分析など，数理的特徴抽出法がそのまま使える．

3.3 文字認識技術

学習パターン
未知パターン

プロトタイプ

知識」に相当する．辞書は，クラス名がわかっているパターンを用いて，前もって作成される．辞書作成に使用するパターンを**学習パターン**または訓練パターン，認識性能の評価に使用するパターンを**未知パターン**またはテストパターンという．辞書の内部構造は，特徴の種類や識別処理法に依存する．たとえば，クラスの平均値ベクトルや共分散行列などが格納されている場合もあれば，クラスを記述した文法や判定文から構成される場合もある．前者の平均値ベクトルなどは，標準パターンあるいは**プロトタイプ**と呼ばれる．

図 3.17 に示した各ブロックに対して，これまでに多くの技術が開発されてきた．それらは種々の観点から分類することができる．特徴抽出法と特徴選択法に関する分類を表 3.2 に，識別法に関する分類を表 3.3 に示す．なお，識別法については，さまざまな技術が提案されており，必ずしも一義的に分類できるとは限らない．パターンマッチング的な手法と構造解析的な手法の 2 つに分ける見方もある．しかし，両者の概念は必ずしも明確でなく，両者が融合した手法も多い[31]．パターンマッチング法，統計的識別法，構文解析法，その他の手法の 4 種

表 3.3　識別法の分類*

識別法の分類と説明	具体的な方法
(1) マッチング法 　特徴ベクトル x と辞書との間で距離や類似性などのマッチング尺度を計算し，それの大小関係から識別結果を得る方法（x は特徴抽出された後のベクトルをさすが，入力パターンそのものとしても形式上は同じである）．	クラスに関する完全な確率構造に基づく方法 　ベイズ決定則
	必ずしも完全な確率構造に基づかない方法（マッチング尺度の構成法に対応して，以下のような方法がある） 　最短距離分類法 　類似度法 　　単純類似度法 　　複合類似度法 　　混合類似度法 　k 近傍決定則 　部分空間法 　投影距離法 　神経回路網による方法 　DP マッチング法 　弛緩整合法
(2) 識別論理法 　入力パターンを記述する特徴系列と，クラスの構造を記述した判定論理とを照合して，識別結果を得る方法．	言語処理に基づく構文解析法 　パターン文法 　ウェブ文法
	その他の判定法 　各種判定論理（識別木）など

＊このように 2 種類に分類した意図については，本文を参照されたい．

に分類しているものもある[28]．著者もこの分類が適切と思うが，ここでは，より大づかみに表現したいとの配慮から，算術演算に基づく手法と判定論理に基づく手法とに大別した．表3.3に示すように，前者を**マッチング法**，後者を**識別論理法**と呼ぶことにする．

マッチング法
識別論理法

単にマッチング法といえば，それは，記号列間での整合処理をも含む幅広い概念である．また，ベクトル x を表現する空間に対応して名称も変化する．たとえば，ベクトル x が，原パターンそのもののレベルであればパターンマッチング法，特徴抽出されたあとのベクトルであれば，特徴マッチング法などと呼ばれることもある．しかし，ここでは，マッチング法とは，入力パターン（または特徴）ベクトル x と辞書との間の算術演算に基づく識別法とみなす．算術演算の種類にも種々のものがある．ここでは，算術演算の種類を幅広く解釈することにして，明らかに構文解析法ではないとみられる手法の多くを，マッチング法としてひとくくりにすることを試みた．統計的手法の原点であるベイズ決定則，内積や距離等の単純演算，神経回路網による手法，特徴とそれらの関係構造を整合させる弛緩整合法をもひとくくりとした（認識理論の分類に興味ある人には，表3.3中の多くの手法がベイズ決定則と関連することを述べている文献[30]などを薦める）．一方，構文解析法は，クラスの構造を文法規則として記述するもので，言語理論に基礎をおく手法である．識別処理の手順としては，文字パターンを記号系列で記述し，オートマトンで判定する．ここでは，判定論理を用いたその他の識別手法と合わせて，これらを識別論理法としてひとくくりにした．

以下では，各ブロックに関連する技術を，OCRとOLCRとに分けて，具体的に紹介する．ただし，文字はすでに切り出されているものとみなす．また，識別論理法に属する技術については，ごく一部を述べるにとどめた．辞書作成処理はノウハウに属する部分でもある．これについても大幅に割愛した．

　（1）　OCRについて

【前処理】

雑音除去処理

　① **雑音除去処理**　OCRではほとんどといってよいほど2値画像を扱う．したがって，3.2節で述べた孤立雑音の除去処理法や膨張，収縮法などが使われる．

位置の正規化処理
大きさの正規化処理

　② **位置，大きさの正規化処理**　位置の正規化は，文字領域の重心や文字に外接する枠の中心を基準として行われることが多い．大きさの正規化は，重心まわりの2次モーメントを一定の値にすることによって行われることが多い．したがって，3.2節で述べたアフィン変換処理などがよく使われる．

非線形正規化処理

　③ **非線形正規化処理**　特徴抽出法や識別法を工夫して変形を吸収する立場

では，画素間の相対位置が極端に変形するような前処理までは，あえて踏み込まないのが普通である．つまり，前処理では，アフィン変換のような一種の線形処理にとどめる．これは，前処理の結果生じた画素間の非線形な変形が，特徴抽出法を考案する際の見通しを悪くすることを避けるねらいがある．しかし，特徴抽出や識別処理を，前処理と分離することなく一貫して扱う立場もある．この場合には，局所的な変形を，前処理の段階から積極的に吸収することがむしろ本質で必須となる．前述したように，図3.17に示した処理ブロックの定義は便宜的である．前処理こそ特徴抽出という考え方があってよい．たとえば，大局的特徴をまず抽出して，それを用いた正規化処理を施しつつ，局所処理を進めるという考え方がある[40]．大局的や局所的な重心線を抽出して，それらの間を一定値に変換する文字幅の正規化処理[40]や，線密度[41]や方向別文字線[42]を抽出して，それらの分布を均一化する非線形正規化処理などが有効な方法として知られている．

【特徴抽出処理】

表3.2に示したように，特徴には，数理的に抽出されるものと，発見的に抽出されるものとがある．おのおのの特徴とその抽出処理法について述べる．

① **数理的に抽出される特徴**　以下の2つの考え方に大別される．

> 数理的に抽出される特徴

1) **新しい特徴空間に変換して，そこで特徴を表現する方法**　パターンを直交関数系で展開し，基底関数への係数を得る．この係数を，パターンの新しい特徴量とみなす方法である．フーリエ変換，アダマール変換など，種々のものがある．

2) **部分空間を見つけて，そこで特徴を表現する方法**　十分な数の学習パターンが得られたときに行われる．数理統計学の分野で知られている主成分分析や判別分析などの手法が使われる．前者は全クラスの学習パターン集合に対して，分散が大きくなるような軸を順次決定していくものである．後者はクラス間の分離がよくなるような軸を順次選出していく方法である．いずれも，選出した各軸を基底ベクトルとする**部分空間**[*1]を見つけ出し，その中でパターンを表現し直そうとする考え方である．部分空間を張っている基底ベクトルは，学習パターン集合からつくられる**共分散行列**[*2]などの固有ベクトルとして求められる．また，基底ベクトルへの係数を，パターンの新しい特徴量とみなす．

> 部分空間
> *1 詳細は線形代数の参考書を参照
>
> 共分散行列
> *2 詳細は多変量解析（数理統計学）の参考書を参照
>
> 発見的に抽出される特徴

② **発見的に抽出される特徴**　研究者が認識対象の性質を総合的に分析してつくりあげる特徴である．直感に頼った手法ともいえるが，数理的特徴以外に理論的な特徴抽出基準がないため，現実にはこの立場で特徴が追究される．もちろん，認識対象ごとに追究される．これまでに多くの特徴が提案されてきた．以下では，印刷文字および手書き文字用に分けていくつかの特徴を概説する．

1) **印刷文字の認識に有効な特徴**　　印刷文字にも，フォントの違いや印刷条件の変動によって，手書き文字ほどではないが，種々の字形変形が発生する．これらの影響を受けないようにするため，さまざまな観点から特徴が提案されてきた．以下にいくつかの例を示す．

メッシュ特徴

●**メッシュ特徴**：文字画像領域内部を適当なサイズの方形小領域に分割する．小領域内部の全画素数に対する文字線領域の画素数の比を求め，これをその小領域のメッシュ特徴の値とする[43]．したがって，文字画像は小領域数の次元のベクトルに変換される．

ペリフェラル特徴

●**ペリフェラル特徴**：ペリフェラル特徴[43]の概念図を図 3.18 に示す．左側の文字枠を適当なサイズの N 個の小区間に分割して，図 3.18 に示す短冊状の N 個の小領域をつくる．ある小領域内部を文字線に向かって，つまり反対側の文字枠に向かって走査する．最初に文字線にあたるまでの画素数(図 3.18 の矢印)を計測する．これをその小領域の縦方向すべてにわたって積分する．領域内全画素数に対するこの積分値の比をこの小領域のペリフェラル特徴の値とする．小領域は上下左右の 4 つの文字枠ごとに定義されるので，文字画像は $4N$ 次元の特徴ベクトルに変換される．1 番目の文字線はそのままにして，2 番目の文字線にあたるまでさらに走査を続け，そこまでの画素数を計測することによって，2 次ペリフェラル特徴を構成することもできる．これによって，文字形状をより詳細に表現できる．

図 3.18　ペリフェラル特徴の概念図(漢字「永」)

周辺分布特徴

●**周辺分布特徴**：文字線領域部分の各画素を縦方向に積分することにより，横方向の周辺分布が得られる．同様に横方向に積分することにより，縦方向の周辺分布が得られる．両周辺分布の組を文字の特徴とみるもので，$N \times N$ 画素の文字画像であれば $2N$ 次元の特徴ベクトルが得られる．周辺分布特徴の例を図 3.19 に示す．さらに，周辺分布の振幅スペクトルを用いて位置ずれに強い特徴が構成できる[44]．

白　線：縦方向周辺分布
灰色線：横方向周辺分布

図 3.19　周辺分布特徴の例（漢字「情」，256×256画素）

2)　**手書き文字の認識に有効な特徴**　表 3.3 に示したように，識別手法はマッチング法と識別論理法とに大別できる．また，手法の違いに対応して，特徴の表現（数値または記号）も異なる．しかし，いずれの手法に使われる特徴であっても，その抽出過程では，**クラスの構造**を解析することに多くの注意が払われる．その理由は手書き変形の吸収にある．つまり，多様な手書き変形がクラス間の境界を不明瞭にするため，手書き変形成分を捨て去り，クラス本来の構造だけを反映する特徴を見出す必要がある．

クラスの構造解析

手書き変形のタイプや文字の構造にはさまざまな種類・階層が考えられる．実際の手書き文字中では，それらが，複雑に組み合わされているとみられ，何が手書き変形で何が本質的な構造なのかを区別することは，一般に容易ではない．この点が発見的特徴抽出法における壁である．しかし，これを避けて通ることはできず，のりこえなければならない重要なポイントである．

これまでに提案された特徴は，種々の手書き変形を吸収する目的で構築されているため，実に多様である．たとえば，大局的な形状を表現するためのもの（したがって，局所的な変形を吸収できるようになっているものの，局所的形状の表現能力が抑えられてしまう），局所的な形状を表現する目的をもつもの（反面，大局的な変形の影響を直接受けてしまう），などがある．よって，既存の特徴を分類することには困難が伴う．しかしながら，発見的に特徴を抽出する際の基本的な考え方を分類して整理することはきわめて大切である．著者なりの分類を表 3.4 に示す．ここでは，着目する**構造の種類**，**特徴の抽出領域**，および**特徴の記述法**に分けた．構造の種類は，図（文字領域），地（背景領域）およびその境界（輪郭線）の 3 つに大きく分けられる．細かくは，①輪郭線の構造，②芯線の構造，③文字線領域の構造，④背景領域の構造，に分類できる．特徴の抽出領域としては，①文字の全体領域から抽出する（大局的抽出），②部分領域から抽出する（局

構造の種類
特徴の抽出領域
特徴の記述法

表 3.4 特徴抽出における基本的な考え方

	着目する構造	抽出領域	記述法
図	輪郭線構造 芯線構造 文字線領域の構造	領域全体から抽出する（大局的抽出）	2次元性を保存して記述する
地	背景構造	ある部分領域から抽出する（局所的抽出）	圧縮して記述する（ぼかして記述する）
境界	輪郭線構造		

所的抽出），に大別できる．部分には，全体を単純に分割した方形領域や，方向別走査あるいは外周からの探索等によって生じさせた限定的な領域など種々のものがある．局所的抽出を行えば，局所領域がカバーする範囲を意味する位置情報が得られるため，特徴間の相対関係も表現できる．特徴の記述法は，①2次元情報を保存したまま記述する，②ぼかしや情報圧縮を行って記述する，に大別される．たとえば，ある方向に投影して情報を圧縮することにより，ぼかし効果を生じさせ，その方向の位置変動が吸収できる特徴とすることができる．

これらの見方を適宜組合せて，具体的な量や数値を考案し，変形吸収実験を通して特徴が構築されていく．以下に，いくつかの例を述べる．

●**輪郭線の構造に着目した特徴**：輪郭線の形状を表現する特徴である．具体的には方向コードの系列として表現される．適当に定めた領域ごとに，特定の方向コードが存在するか否かを判定して識別するもの[25]，各特徴から部分セグメントなどのより大域的な特徴をさらに構成し，辞書との間でこれら輪郭構造の対応処理を行って識別するもの[29]，などがある．識別論理法に適した特徴の典型ともいえる．

●**芯線の構造に着目した特徴**：芯線がつくる特徴的な形状を表現する特徴が提案されている．これは，手書き片仮名文字を対象とした特徴で，直線によって文字が表現できるとの思想から考案された．図 3.20 に示すような，孤立線分，屈曲点，分岐点，第1種交点，第2種交点などの**幾何学的特徴**を定義して，それら

幾何学的特徴

種　類	記　号	個数
孤立線分 ———	$L(x, y, \theta)$	K_1
屈折点	$R(x, y)$	K_2
分岐点	$B(x, y)$	K_3
第一種交点	$C_1(x, y)$	K_4
第二種交点	$C_2(x, y)$	K_5

図 3.20　幾何学的特徴（文字認識概論：橋本新一郎著[25]より改編）

の接続関係によって文字を表現する[45]．識別は，あらかじめ用意した識別規則に照らして行われる．この方法も，識別論理法に適した特徴といえる．

●**背景の構造に着目した特徴**：背景内の点において，そこから上下左右の各方向に存在する文字線の数を求め，それらをその点の特徴とする**Glucksman**[46]の**方法**が典型的なものといえる．前述したゾンデ法もこの類に属すると考えてもよい．そのほかにも，**場の効果法**により抽出される特徴[26]，**位相構造化特徴**[47]，**反射線分特徴**[48]など数多くのものがある．位相構造化特徴の概念を図3.21に示す．識別には表3.3に示した種々の方法が用いられるが，各クラスを記述した判定ルールに照らして行われるものが多い．

Glucksmanの方法

場の効果法

位相構造化特徴

反射線分特徴

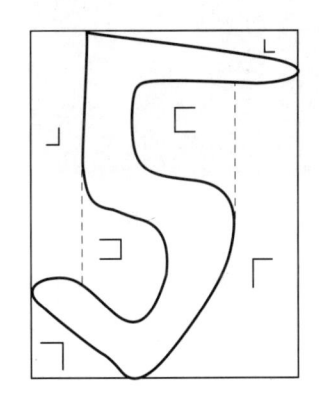

各記号は背景部位からみた文字の形状を表現している．たとえば，記号「⊐」は，上，右，下の各方向に文字線が存在することを意味する．実際にはこれらの各特徴をさらに統合して高次の特徴を形成する．

図3.21 位相構造化特徴の概念図

場の効果法は，パターンの局所的な特徴を初期値として徐々に大局的な特徴を引き出そうとする基本的な考え方を，特徴場の動的な変換作用という形で定式化したものである．文字線領域がもつ閉ループや開ループの方向などの位相特徴を抽出する方法が具体的に提案されている．

このように，背景構造に着目する手法の中には，文字線領域の構造に着目し，背景領域を通して，それを積極的に表現しようとするものが少なくない．

●**文字線領域の構造に着目した特徴**：文字線領域(輪郭部を含める)がもつ方向情報と位置情報とを同時に表現するもので，主に手書き漢字の認識に有効な特徴である．**セル特徴**と呼ばれ，文字線のエッジ方向に着目した特徴が知られている[32]．場の効果法と同様にエッジ方向を背景場に伝播して，文字線の接線方向と位置に関する2次元的な形状情報を背景場に集積することができる．

セル特徴

方向寄与度特徴　**方向寄与度特徴**と呼ばれ，文字線領域内の各画素が担っている文字線領域の長さ情報を方向ごとに表現する特徴が知られている．方向寄与度特徴の概念を図3.22に示す．文字の外周から内部に向かって，順次，輪郭部位を検出し，その位置における方向寄与度特徴を抽出し，適度に圧縮して記述した，**外郭方向寄与度特徴**もよく知られている[33]．

外郭方向寄与度特徴

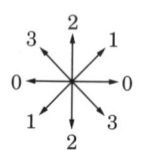

黒線の長さが方向寄与度の大きさを表す．
ここでは8方向で表示したが，実際には反対向きの寄与を互いに足し合わせ，0～3の4方向で表現される．

図3.22 方向寄与度特徴の概念図(漢字「情」)

加重方向指数ヒストグラム特徴　　**加重方向指数ヒストグラム特徴**と呼ばれ，適当に分割された小領域の内部において輪郭線の方向を検出し，その頻度分布を適度に圧縮して記述した特徴が知られている[34]．この方法は，非線形正規化や特徴量の圧縮・変換を行うことによって，さらに高精度の認識を実現している．これは，輪郭線構造に着目する手法に属するともいえる．

　文字線領域を方向別成分に分離したあとのパターンを特徴とみなして，整合させる方法もいくつか知られている．非線形正規化処理の効果を含めて有効性が認められる[42]．この方法も，文字線領域の方向と位置の構造を，大局的かつ2次元的に抽出した特徴といえる．

　これらの特徴は，マッチング法に適する数値ベクトルの形で得られる．

【識別処理・辞書作成処理】

　ここではマッチング法に属する手法について述べる．すでに述べたように，類似性や距離などの識別尺度を，入力パターン(または特徴ベクトル)と辞書との間の算術演算によって求め，整合をとる手法をマッチング法とみなした．これらは，数理的には，ベクトル x の関数である**識別関数** $g_i(x)$，($i=1,2,...,C$，C はクラスの総数)を各クラスごとに用意し，その値が最大となるクラスを識別結果とする，という形に要約することができる．ただし，識別関数が判定論理を表現するほど広義には解釈しないことにする．以下では，マッチング法を，識別関数の概念を用いて説明する．

識別関数

3.3 文字認識技術

識別関数 $g_i(\boldsymbol{x})$ は，類似・距離の尺度や確率構造の種類などに応じて，さまざまな形に定式化される．$g_i(\boldsymbol{x})=g_j(\boldsymbol{x})$，$(i \neq j)$ となる $\boldsymbol{x}$ の集合を決定境界という．決定境界が図 3.16 に示した直線(超平面)になる場合の識別関数を，線形識別関数という．複数の線形識別関数で近似した面になる場合を区分的線形識別関数，曲線(超曲面)になる場合を非線形識別関数という．

$g_i(\boldsymbol{x})$ の形を決定すると，その次には，その係数を決定しなければならない．たとえば，マッチング尺度として，各クラスのプロトタイプまでの最短距離を採用すれば，$g_i(\boldsymbol{x})$ は線形識別関数になる．いま，それを $g_i(\boldsymbol{x})=W_i^t \boldsymbol{x}$ (W_i^t は列ベクトル W_i の転置)とすると，W_i はクラスごとに設計しなければならない係数である．係数には，$g_i(\boldsymbol{x})$ の形に応じて，プロトタイプの位置座標，その周りの分散，確率密度関数，などが関係する．

統計量　　係数の決定法にも種々ある．たとえば，学習パターンを一括して使用し，**統計量**(平均値，共分散，固有ベクトルなど)として，係数を推定する方法がある．これは，文字認識装置の辞書をつくる際に通常とられる方法である．一方，学習パ

学習　ターンを逐次的に使用して，誤差評価値を最小にするという基準により，**学習**
パーセプトロン　によって係数を決定する手続きもある．これには，**パーセプトロン**や**神経回路網**な
神経回路網　どがある．後者のような学習に基づく係数の決定方法を，教師ありの**ノンパラ**
ノンパラメトリック学習　**メトリック学習**という．後述する**パラメトリック学習**とは異なるので注意を要する．

パラメトリック学習

以下では具体的な識別規則を概説する．

ベイズ決定則　　① **ベイズ決定則**　　クラスに関する統計的に完全な知識を前提とした方法で
条件付危険　ある．決定(識別)に伴う**条件付危険**が定義され，全パターンにわたる条件付危険の期待値を最小にするような決定を選ぶものである．事前知識として，各クラスの出現確率(事前確率)やパターン $\boldsymbol{x}$ のクラス条件付き確率密度関数などの確率
損失関数　構造，決定に伴う**損失関数**，などを与えておく．この方法は理論上誤りを最小とするものではあるが，各クラスの確率構造を完全に知ることはできないため，現実には，近似的に適用せざるを得ない．

クラスの確率構造を推定するにはいくつかの方法がある．母集団の分布形は既
パラメータ推定問題　知として，その母数を推定することを，**パラメータ推定問題**という．これには**最**
最尤推定法　**尤推定法**や**ベイズ学習法**などがある．最尤推定法は尤度関数(未知母数の関数)を
ベイズ学習法　基礎におく考え方である．すなわち，学習パターン集合を最も高い確率で(最も尤もらしく)生じさせる未知母数の値を推定値とするものである．ベイズ学習法は，推定すべき母数を確率変数と考え，その確率密度関数を学習パターン集合に条件づけた(観測後の)事後確率密度関数とみなし，その形が急峻となる付近の確

率変数の値を未知母数の推定値とする考え方である．事後確率密度関数は，学習パターン数を増加する(学習する)ことによって，徐々に急峻な形になっていく．ベイズ学習法は，教師ありのパラメトリック学習でもある．前述した教師ありのノンパラメトリック学習とは，求めようとするものが異なることに注意されたい．なお，教師ありとは，学習パターンのクラス名が既知であることをさしている．

損失関数を単純にした場合，たとえば，誤まったときには1，正しい場合は0なる値を与える場合には，"事後確率を最大にするクラスを識別結果とする"という形の識別規則になる．これを**最大事後確率法**という．これは，平均誤り確率を最小にする識別法と同じである．事後確率は，ベイズの定理によって，クラス条件付き確率密度関数やクラスの事前確率を用いて表現できる．クラス条件付き確率密度関数は観測パターン x の値を代入すれば尤度である．クラスの事前確率が各クラス共通である場合には，最大事後確率法は，"尤度を最大にするクラスを識別結果とする"という，より単純な識別規則となる．これは，**最尤法**と呼ばれる．

ベイズ決定則は，一般的には非線形識別関数となる．ただし，最大事後確率法において，クラス条件付き確率密度関数が特殊な正規分布をしている場合，たとえば，全クラスにわたって共通の共分散行列となる場合，などでは線形識別関数となる．

② **k 近傍決定則**　各クラスを代表するパターン(プロトタイプ)が1つ以上あるとする．入力パターンとの距離が小さい順に k 個のプロトタイプを選出し，その中で，最も多かったクラス名を識別結果とするものである．$k=1$ のときを最近傍決定則という．プロトタイプの決め方は任意である．手もちの学習パターンすべてをプロトタイプとみなすこともできる．

③ **最短距離分類法**　各クラスにプロトタイプを1つおく．入力パターンの特徴ベクトルと各クラスのプロトタイプとの距離を計算し，その最小値を与えるクラスを識別結果とするものである．2クラスの場合では，両プロトタイプを結ぶ直線を2等分する超平面が決定境界となる．つまり，これは線形識別関数となっている．プロトタイプには各クラスの平均値を当てることが多い．距離としては，ユークリッド距離などが使われる．

④ **単純類似度法**　入力パターンの特徴ベクトルと各クラスのプロトタイプとの角度の余弦($\cos \theta_i = (x, p_i)/\|x\| \cdot \|p_i\|$，$x$ は特徴ベクトル，p_i はクラス i のプロトタイプ，(x, p_i) は x と p_i との内積，$\|\cdot\|$ はベクトルのノルム)を計算し，その最大値を与えるクラスを識別結果とするものである．$\cos \theta_i$ は類似度と呼ばれ

る．画素濃度値を特徴とした場合には画素濃度変動の影響を抑えることができる．この方法をさらに改善したものに，複合類似度法や混合類似度法[49]がある．これらは，次の部分空間法と関係するため，そちらを参照されたい．

部分空間法

⑤ **部分空間法** 入力パターンの特徴ベクトルを，各クラスごとに定めた部分空間へ射影し，射影の長さ（2乗が使われる）の最大値を与えるクラスを識別結果とする方法である．辞書には部分空間を張る基底ベクトル群を与えておく．基底ベクトルは，各クラスの学習パターン集合がつくる**自己相関行列**[*1]の固有ベクトルである．複合類似度法は，部分空間法とは独立に発見されたものであるが，射影の長さを固有値で加重している分を除けば，部分空間法と等価である．また，概念的には，単純類似度法がクラスあたり1つのプロトタイプをもつのに対して，複合類似度法は複数のプロトタイプをもち，各プロトタイプが各基底ベクトルに対応するとみることができる．混合類似度法は，類似したクラス間の差を考慮した複合類似度法とみることができる．

自己相関行列

*1 自己相関行列は $E[xx^t]$ で定義される．$E[\cdot]$ は平均値操作を，x はクラス i に属するパターンの特徴(列)ベクトルを，x^t は x の転置を示す．

この方法と類似したものに，入力パターンの特徴ベクトルから各クラスの重心を基準とした部分空間（各クラスの**共分散行列**[*2]の固有ベクトルが張る空間）までの距離を尺度として採用する投影距離法[50]がある．

部分空間法は，文字認識ではよく使われる方法である．

共分散行列

*2 共分散行列は $E[(x-\bar{x})(x-\bar{x})^t]$ で定義される．$E[\cdot]$ は平均値操作を，x はクラス i に属するパターンの特徴(列)ベクトルを，$\bar{x}$ はクラス i の平均(列)ベクトルを，$(x-\bar{x})^t$ は，$(x-\bar{x})$ の転置を示す．

⑥ **神経回路網による識別法** 学習が終了した神経回路網を未知パターンの認識に用いるものである．神経回路網の学習には，各クラスごとの学習パターンを用いる．神経回路網最終層からの出力と**教師信号**との2乗誤差が最小になるように，逐次学習して，神経回路網の各パラメータを決定する．この過程は解析的には解けないため，**最急降下法**などによって反復的に求める．この結果は，**誤差逆伝播法**として広く知られている．この識別法は，非線形識別関数を与える[30]．クラス数が多くなるにつれ，学習が困難になったり識別系の構成が複雑になるなどの課題もあるが，類似した文字間の識別に有効であるといわれている[51]．

教師信号
最急降下法
誤差逆伝播法

（2） OLCR について

【前処理】

① **雑音除去処理** タブレットから得られる筆点系列中には，実際の筆跡から遠く離れた点が混入することがある．一般に筆跡は連続な軌跡を示すから，どんなに速く筆記しても，連続する筆点同士がある距離を越えて離れることはない．そこで，引き続く筆点間の距離を監視して，あるしきい値を越える筆点を検出する．検出された筆点を雑音点とみなして消去することにより，この種の雑音を除去することができる[35]．

② **位置，大きさの正規化処理** OCR と同じ方法を用いることができる．

すなわち，重心や外接枠の中心位置を基準にして位置を正規化し，重心周りの2次モーメントを一定の値にすることによって大きさを正規化することができる．

【特徴抽出処理・識別処理】

ここでは，特徴抽出と識別処理をまとめて述べる．

基本ストローク特徴　① **基本ストローク特徴**　漢字を構成する各ストロークを表現するために使われる特徴である．単純な形をしたものと，やや複雑な形状をしたものとに分けて定義される．入力された文字は，基本ストロークの系列で記号化され，あらかじめ準備されている識別木(判定ルール)にしたがって，属すべきクラスが決定される．1970年ごろの初期の漢字OLCRに用いられた特徴である．識別論理法に適する特徴の典型例といえる[25,31]．

方向系列特徴　② **方向系列特徴**　筆点の座標系列を方向コード系列におき換えたものである．方向コードは，通常8方向が使われる．方向コード系列で表された辞書との間で評価値を計算し，それに基づいて識別を行う．評価値の計算には，マッチング法や識別論理法に属する各手法(表3.3)が使える．OLCR方式の場合には，文字線長の変動により，特徴ベクトルサイズが変動することが多く，辞書との不整合が生じやすい．これは，空間サンプリング処理によって筆記時間の変動を吸収

DPマッチング法　したあとでもいえることである．この不整合に対処するには**DPマッチング法**がよく使われる[52]．DPマッチング法とは，位置ずれや区間長の変動により必ずしも1対1に対応しない要素をもつベクトル間で，ある評価値を，全区間にわたり最適になるように求める際に，**動的計画法**を用いる手法である．動的計画法は，

動的計画法　ある段階までの最適値にその段階での最適値を加えたものをくり返し計算することによって，全体の最適値を得る方法である．結果として，ベクトル間の対応づけと最適な評価値とが同時に得られる．

点近似特徴　③ **点近似特徴**　文字線上の特徴的な点を抽出し，これらの座標値を直接用いて，特徴ベクトルを構成する方法である．平仮名は各ストロークを5等分割する6点，漢字・片仮名では2等分割する3点(つまり，始点，中点，終点)が有効であることが実験的に明らかにされている[35]．これにより，特徴ベクトルサイズの変動をなくしている．この方法は，文字の形状変形を，連続的かつ大局的に把握したい，とのねらいから考案された[53]．パターン間で対応する点を定め，対応点間のずれ量の総和を変形量と考えるものである(図3.23(a))．この方法は，大分類という当初の目的を越えて高精度の認識をも実現した．また，手書き文字の認識においては，特徴要素間の対応づけとそれに基づく変形量の連続的評価が有効であることを示している．その後，特徴点の方向や筆圧などの情報を追加した特徴ベクトルが提案されている．点近似特徴を図3.23(b)に示す．

3.3 文字認識技術

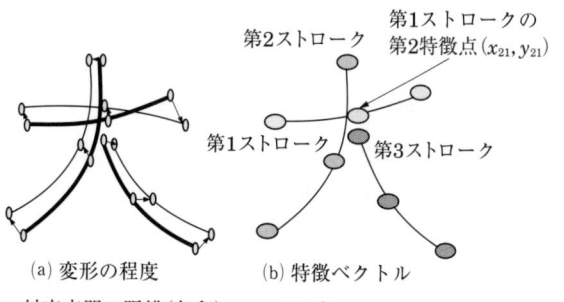

(a) 変形の程度
= 対応点間の距離(矢印)
  の総和

(b) 特徴ベクトル

$f = (x_{11}, x_{21}, x_{31}, x_{12}, x_{22}, x_{32}, x_{13}, x_{23}, x_{33},$
$\quad\quad y_{11}, y_{21}, y_{31}, y_{12}, y_{22}, y_{32}, y_{13}, y_{23}, y_{33})$

x_{ij}：第jストロークの第i特徴点のx座標
y_{ij}：第jストロークの第i特徴点のx座標

図 3.23 点近似特徴

筆順に依存しない認識法

④ **筆順に依存しない認識法** 特徴ベクトルと辞書との間で特徴点の対応づけを行う際に，筆順と画数の情報は極めて有効である．反面，これらの変動は誤識別の主原因ともなる．そこで，画数を一定と仮定した条件下での筆順自由方式が考案された[36]．これは，図3.24に示すように，ストローク間距離行列を用いて，標準パターンの各ストロークに，距離が最小となる入力パターンのストロークを対応づけるものである．これによって，筆順を使う場合と同等の認識率が得られ，筆順やストロークの向きの違いによる影響を除去することができる．

筆順・画数に依存しない認識法

⑤ **筆順・画数に依存しない認識法** 筆順と画数が変動しても認識できるようにした方法である．

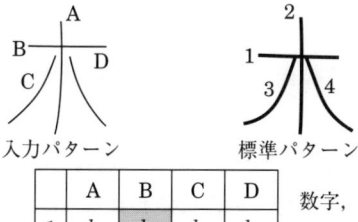

入力パターン　　標準パターン

	A	B	C	D
1	d_{1A}	d_{1B}	d_{1C}	d_{1D}
2	d_{2A}	d_{2B}	d_{2C}	d_{2D}
3	d_{3A}	d_{3B}	d_{3C}	d_{3D}
4	d_{4A}	d_{4B}	d_{4C}	d_{4D}

数字，英字は筆順を示す

d_{1A}：ストローク1とAの間の
　　　ストローク間距離

☐ は対応のついたストロークのストローク間距離を示す

標準パターンの各ストロークから見て距離最小(太字)となる
入力パターンのストロークを対応づける

図 3.24 ストローク間距離行列を用いたストロークの対応づけ法

筆順に依存しない認識法をさらに進め，入力パターンと辞書間でのストローク対応づけで残った未対応ストロークを，筆順で前後する**ストロークと結合**させて，さらに整合をとる方法が提案されている．この方法は，パソコン用手書き入力FEPとして実現されている[37,54]．これによって，完全に筆順・画数自由ではないものの，大幅に筆記制限を解消することができる．このほかにも，OCR方式を用いる方法[38]などが提案されている．

ストローク結合法

3.3.4 応用例

ここでは，いままでに検討されてきた応用例の一部を紹介する．最近では，OCRもOLCRもパソコン上で動作するアプリケーションソフトウェアの形で実現されつつある．したがって，個人に普及する傾向にある．多くの人々による多彩なアイデアが，新しい応用を切り開くかもしれない．

（1） OCRの応用例

代表的な応用例は**帳票処理システム**や**文書処理システム**であろう．帳票処理システムとは，受注伝票，納品・領収伝票，各種申告書などを一括して処理するシステムである．OCRは帳票を読み込み，文字部分を認識して文字コードに変換し，それをデータ処理装置に出力する．大量文字データをOCRによって高速に処理し，システム全体の低コスト化・高速化をはかることができる．すでに多くのOCRが製品化されている．郵便区分機に使われるOCRも，ある意味では，この種の応用に属するとみなせるだろう．大量の用紙をOCRまで運搬することなく，データ発生場所からFAXなどで送り，認識する方式も実用化されている．文書処理システムは，本，新聞，記録書などの文書を，文字コードに変換するためのシステムである．この場合には，帳票用のOCRと異なり，専用のフォーマットをあらかじめ設計しておくことはできない．したがって，図表，写真などと文字領域とを分離する技術，個々の文字を切り出す技術などが必要となり，新たな課題が発生する[55]．

帳票処理システム

文書処理システム

メディア変換への応用も広がっている．これは，文字を音声など他のメディアに変換して種々のサービスを行う場合に使われる．印刷された文書や手書きした文をOCRで認識して，コンピュータや音声合成装置への文字コード入力とする．文書を読み上げるシステムなどが開発されている．

メディア変換

3.1.4項にて述べたCBRへの応用は，映像情報が多用されるマルチメディア時代の新しい検索技術として期待されている．たとえば，映像や画像中にある文字領域を抽出し，その中にある文字を認識することにより，その映像や画像の検索キーを自動的につくることができる．また，検索キーとして入力された文字列

を含む画像を自動的に検索することもできる[20]．

（2） OLCR の応用例

ワードプロセッサへの応用があげられる．手書きした文字を OLCR が認識して文字コードに変換するため，キーボードに不慣れな人でも，文書を容易に作成することができる．このため，研究の初期段階から主要な目標とされてきた．1981 年にはワードプロセッサの入力部に OLCR を応用した試作機（AESOP と呼ばれる）が電電公社より報告されている[56]．しかし，キーボードが普及するにつれ，大量な文書作成への応用は意味を失いつつある．むしろ，図表や数式を含む特殊な文書を作成するときのように，キーボード操作がなじまず，多クラス少数文字の入力を伴う場合の入力手段として期待されている．この場合には，文字の自動切り出し[57]などを実現し，操作性をさらに向上させる必要がある．

AESOP：Advanced Editor with Script input and Output Print devices

各種窓口処理端末への適用もあげられる．たとえば，銀行，健康管理センターなどの窓口において，客自身が直接氏名などを入力する手段として使われる．しかし，多様な手書き変形に耐える認識アルゴリズムが必要であるため，その実現は必ずしも容易ではないといえよう．

ペンコンピュータや**携帯型情報端末**(PDA)の入力手段としても有用である．携帯環境下ではキーボードが使えないことが多い．このような場合の操作命令（ジェスチャ）の入力，短い文書の作成などに利用される．すでにいくつかの製品が実用化されている．PDA は，個人が使うため，筆記癖などは一定の傾向に絞られる．したがって，認識アルゴリズムとしては容易になる．ただし，実時間で文字を切り出す技術[57]，辞書を個人用にチューニングするための辞書学習技術[58]などを含め，手ぶれ，二度書きなど携帯環境特有の筆記変動に耐える認識方式を提供しなければならないため[39]，課題は少なくない．

ペンコンピュータ

携帯型情報端末

OLCR の応用では，最後に述べた PDA が最も有望である．PDA を介することにより，自己流に書いた文字で，あらゆる機器と会話ができるからである．

3.3.5 今後の課題

コンピュータを用いた文字認識の研究には，すでに 40 余年の歴史がある．わが国で手書き漢字認識の研究が始められてからでも 30 年の歴史があり，研究が尽されているかのように思われる．たしかに，ある程度ていねいに書かれた文字であれば，高精度に認識できるし，製品の数も多い．また，導入効果をあげている事例も多い．

しかし，自由に筆記された手書き漢字の認識精度はいまだに十分とはいえない．一方で，手書き漢字認識へのニーズは強い．より幅広い普及をはかるには，

手書き変形メカニズム　これらに対処する必要があり，解決すべき課題はまだまだ多いといえよう．とりわけ，1文字単位での認識に焦点をあてた場合には，**手書き変形のメカニズム**を明らかにすることが必須であり，サイエンスとしての研究が必要である．これこそ，まさに手書き文字の特徴抽出の研究でもある．

4章 画像・映像情報

動画像情報はその情報量が非常に大きい．たとえば，テレビなどでは，1秒間に30コマの画像が変化しているので，動きが連続して見える．すなわち1秒間の映像情報でも画像データの30倍の容量が必要となるわけである．そのためフルスクリーンの大きさで，画像をそのまま記録することは，いくら大容量の記録媒体があっても容量不足になってしまう．そこで，ここでは画像の情報量，画像の圧縮技術，画像ファイルのフォーマットなどを説明した後，映像情報について解説する．まず，ビデオ信号として現在も映像を表示・保存する場合によく使われているNTSC(アナログ方式)信号について概説し，そのあとでデジタル映像(動画像)の圧縮技術についても簡単に紹介する．また，DVDなどの映像記録メディア，動画像を利用したサービスなどについても述べる．

4.1 画像データの情報量

たとえば，756×504 ピクセルの画像というのは，画像の大きさを示している．つまり横方向に756個の画素(ピクセル)と縦方向に504個の画素をもっている．もしこの画像が白黒だけであれば，画素ごとに1ビットの情報があればよいので，756×504×1=47628B=46.5KB の情報量ということになる．もし，**24ビットカラー**であれば，1画素あたりRGBが8bitずつ割り当てられるので(256×256×256=1677万色：フルカラー)，756×504×(24/8)=1.09MB の情報量ということになる*．よって，フルカラーでこのくらいのサイズの画像を何枚もそのまま保存しようと思ったら，すぐに数十，数百MBに達してしまう．そこで，JPEGなどで圧縮をかけると1/10くらいの情報量まで圧縮することができる．

24ビットカラー

*ここで8で割っているのは，bitからByteへの変換のためである．また，1KB=1024Bである．

4.2 画像圧縮(JPEG)

音声情報と同様に，画像情報も一般に圧縮された情報が，保存されたり通信さ

れたりしている．というよりも圧縮しなければ，情報量がすぐにパンクしてしまうことは想像にかたくない．ここでは，国際標準規格となったJPEGアルゴリズムについて少し詳しく解説する．

JPEG：Joint Photographic Expert Group

4.2.1 シーケンシャル・ビルトアップとプログレッシブ・ビルトアップ

JPEGは汎用性の高いカラー画像符号化方式として，シーケンシャル・ビルトアップとプログレッシブ・ビルトアップの両方が可能であるようになっている．**シーケンシャル・ビルトアップ方式**というのは，画像を表示するときに上から順に鮮明な画像を表示していく方式で，ファクシミリなどの通信ではこの方法が用いられている．しかし，画像検索サービスや，あとで述べるWebのような場合は，画像全体が表示されるまでに時間がかかりあまり適当な方法とはいえない．

シーケンシャル・ビルトアップ方式

そこで，最初に画質は悪いが，全体像がある程度わかる画像を表示して，その後，画質を徐々によくしていくという方法をとるのが，**プログレッシブ・ビルトアップ方式**と呼ばれるものである．この方法だと，画像の検索などで，実際には探しているものでないような画像の場合は，すぐに次の検索に移れる．JPEGではこの両方の規格をサポートしている．

プログレッシブ・ビルトアップ方式

4.2.2 JPEGのその他の特徴

① 画質の選択性：画像を高い圧縮率でデジタル化すれば，画質が悪くなるのが一般的であり，一方，高画質でデジタル化した場合は，情報量が大きくなる．JPEGでは，この圧縮率をユーザが適当に設定することができる．

② 可逆符号化：符号化を行う前の画像とまったく同じ画像が得られる符号化方式を可逆符号化と呼ぶが，JPEGでは，この可逆符号化の機能も含まれている．

可逆符号化

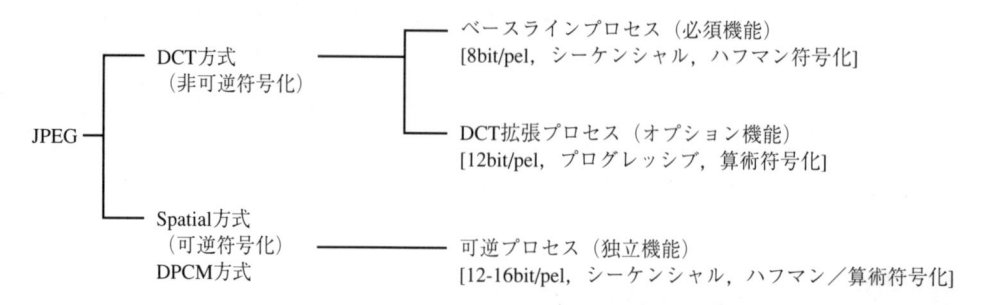

```
                    ┌── ベースラインプロセス（必須機能）
          ┌ DCT方式 ─┤    [8bit/pel, シーケンシャル, ハフマン符号化]
          │ （非可逆符号化） │
          │         └── DCT拡張プロセス（オプション機能）
JPEG ─────┤              [12bit/pel, プログレッシブ, 算術符号化]
          │
          │ Spatial方式
          └ （可逆符号化） ─── 可逆プロセス（独立機能）
            DPCM方式          [12-16bit/pel, シーケンシャル, ハフマン／算術符号化]
```

図4.1　JPEG規格方式

高能率符号化方式

③　高能率符号化方式：少ない情報量で，できるだけ画質のよい再生画像が得られるように工夫されている．

DCT(離散コサイン変換)

DPCM(差分 PCM)

上記の特徴を満たすためにJPEGでは，2つの圧縮方法に分けられる．1つは，DCT(離散コサイン変換)ともう1つは，2次元空間に対するDPCM(差分PCM)による可逆符号化である．DCTとDPCMは，音声情報のところで説明した原理と変わりない．JPEG規格の特徴を図4.1に示した．DCT変換方式の場合は，さらにベースラインプロセスとオプションとしてのプログレッシブ・ビルトアップ方式がある．一方，DPCMの方は，可逆プロセスを行う方式として存在している．以下では，このうちのベースラインプロセスの原理を説明する．

ベースラインプロセス

4.2.3　ベースラインプロセス

離散コサイン変換

DCT係数

＊カラー画像の場合は，3原色(Red, Green, Blue)の各色に対して，上記の変換をほどこす．

DC係数

AC係数

入力画像は8×8の画素ブロックに分割される．そのブロック内の画素の値に対してDCT変換を行う．DCT変換は音声情報のところでも述べたが，離散コサイン変換と呼ばれる一種のフーリエ変換である．すなわち波長の違うcos関数で元の信号を展開する．この展開係数をDCT係数と呼ぶ．JPEGの場合，8×8の画素ブロックに対して変換するので，64個の展開係数が得られる．図4.2に示したのは，もとの画像の濃度値とそのDCT展開係数の一例である*．DCT係数のうち，一番左上の係数 S_{00} をDC係数と呼び，残りの S_{01}-S_{77} をAC係数と呼ぶことがある．これを見てみるとわかるように S_{00} の周辺に大きな値が集中していることがわかる．

そこで，ハフマン符号化により，S_{00} 付近の情報は大きなビットを与え，それ以外のところは，小さなビットを割り当てることにより，情報を圧縮することができる．実際には，量子化を行ったあとで，ハフマン符号化が適用される．

そこで，量子化を行うわけであるが，JPEGの場合は，再生画像の画質を選択

159	153	158	152	140	138	132	132
164	162	162	157	151	142	134	132
167	168	161	160	158	145	139	134
164	168	161	166	162	152	149	141
171	166	168	167	163	162	157	151
173	164	169	170	166	166	162	161
175	169	172	176	174	172	174	166
173	172	175	173	180	181	177	172

もとの画像の濃度値 P_{xy}

261	49	−16	5	3	4	1	1
−79	36	−2	−7	1	−2	0	−2
1	−7	3	−2	−2	1	5	2
−8	−3	5	−3	1	7	7	−1
−1	−5	0	0	−3	0	1	−1
−3	−1	0	−1	1	2	−4	−1
−3	0	2	0	1	−2	2	0
2	2	1	1	−1	1	0	1

DCT変換係数 S_{uv}

図4.2　JPEGにおけるDCT変換の例

16	11	10	16	24	40	51	61
12	12	14	19	26	58	60	55
14	13	16	24	40	57	69	56
14	17	22	29	51	87	80	62
18	22	37	56	68	109	103	77
24	35	55	64	81	104	113	92
49	64	78	87	103	121	120	101
72	92	95	98	112	100	103	99

量子化テーブル Q_{uv} の例

16	4	−2	0	0	0	0	0
−7	3	0	0	0	0	0	0
0	−1	0	0	0	0	0	0
−1	0	0	0	0	0	0	0
0	0	0	0	0	0	0	0
0	0	0	0	0	0	0	0
0	0	0	0	0	0	0	0
0	0	0	0	0	0	0	0

量子化されたDCT係数 R_{uv}

図4.3　JPEG圧縮の例

256	44	−20	0	0	0	0	0
−84	36	0	0	0	0	0	0
0	−13	0	0	0	0	0	0
−14	0	0	0	0	0	0	0
0	0	0	0	0	0	0	0
0	0	0	0	0	0	0	0
0	0	0	0	0	0	0	0
0	0	0	0	0	0	0	0

逆変換による S_{uv}

153	153	152	149	144	137	131	126
158	158	157	154	149	142	135	131
165	164	163	160	155	148	141	137
167	167	164	159	153	147	143	
167	168	168	167	163	158	153	149
166	168	169	170	168	165	161	159
168	170	173	175	175	174	171	170
169	172	176	179	181	180	179	177

再生画像の濃度値 P_{xy}

図4.4　JPEG再生画像の濃度値

できるようになっているので，量子化にはそれにあった量子化テーブルが用意されている．量子化テーブルは，係数位置によって，量子化のステップサイズを変えてある．図4.3に，量子化テーブル Q_{uv} の一例を示す．量子化は，量子化テーブルで与えられた値でDCT係数を割り，最も近い整数値でそれをおきかえることによって行われる．たとえば，$S_{00}=261$ であったが，同じ位置の量子化テーブルの値 $Q_{00}=16$ であるので，$R_{00}=261/16=16.31 \to 16$ というようになる．量子化されたDCT係数を見てみるとわかるように，多くの要素を0にすることができる．このことにより情報をかなり減らす* ことができる．逆変換は逆の手順で行われ，まずDCT係数は $S_{uv}=R_{uv} \times Q_{uv}$ で行われるが，結局，Q_{uv} の値が大きいと情報量は減るが，画質は元に比べ劣化してしまう．Q_{uv} の値を小さくすれば，画質はそれほど悪くならない代わりに情報量もそれほど小さくならない．

*圧縮する

　図4.4に示した例では6個の係数以外は0なので，最終的な再生画像ももとの画像に比べて随分情報落ちがしているように思うかもしれないが，DCTの逆変換を行うと，それほど元の画像の濃度値とは違っていないことがわかる．これ

は，1つひとつの画素位置の情報が64個のDCT係数すべてからつくりあげられるためである．とはいっても図4.2と4.4を比べてみると，再生画像の濃度値ともとのそれとが完全に一致しているわけではない．確実に情報落ちは起きているわけであるが，画像で見る限りは元の画像との差は小さくほとんど違和感を与えないのが特徴である*．

*もちろんこれは圧縮率に依存していることはいうまでもない

4.2.4 JPEGの利用

以上のようにして，JPEGで画像情報を圧縮して，保存，転送などを効率よく行うことができる．そこで，実際にJPEGが利用されている，あるいは利用されるであろうシステムの例を示しておく．

① インターネット情報(WWW，WAIS，Gopher，ftpなどの画像情報)
② 静止画像検索システム
③ 簡易動画通信(遠隔TV会議システム)：モーションJPEG
④ 電子図書館，電子美術館
⑤ カラー静止画像転送システム
⑥ 遠隔監視装置
⑦ カラーファクシミリ
⑧ デジタルカメラ，デジタル写真転送システム

4.3 画像フォーマット

上のセクションでJPEGという画像圧縮のための形式をみたが，より正確にいえば，JPEGはファイルの圧縮伸張方式の名称で，ファイルフォーマット名はJFIFと呼ばれることもある．実は画像情報の場合，その形式は多種多様で，白黒のグレイスケールからカラー用のフォーマットなど数え切れないくらい存在している．また，画像フォーマット間を変換するフリーソフトなども存在している．ここでは，JPEG以外の代表的な画像フォーマットを紹介しておこう．

JFIF：JPEG File Interchange Format

GIF：Graphics Interchange Format

● GIF：圧縮アルゴリズム(LZW+UNIX圧縮プログラム)

かなり流通しているフォーマットであり，最大256色(8bit)の表現が可能である．そのため，連続した階調の写真などはきれいに再現されない場合もある．GIF87aとGIF89aの2つのバージョンが存在し，ほとんどが新しいGIF89aをサポートしているが，中にはGIF87aしかサポートしていない場合もある．GIFには透明GIF，動画GIF，インタレースGIFなどもある．ただし，GIFで用いられているLZWという圧縮プログラムが特許になっていることから，ライセン

スの問題で GIF ファイルを扱うプログラムを作成する場合には注意が必要である．

TIFF：Tagged Image File Format

● TIFF

バージョンがたくさんある．たとえば TIFF5.0(LZW 圧縮)，TIFF6.0(オプション圧縮)など．バージョンの違いによって同じ TIFF ファイルでも読めないことがある．ランダムアクセスによって画像を保存しているので，画像の表示にはファイル全体を読み込んでからでないとできない．

PNG：Portable Network Graphics

● PNG

GIF が 256 色しか表現できないことやライセンス問題などがあるために GIF の後継フォーマットとして開発された．そのため，GIF の機能のほとんどをもっている．圧縮は可逆的で圧縮による画像の劣化は起こらない．

● PICT

Macintosh で使われる標準的な画像フォーマットである．ただし，他の OS ではそのままでは表示できない場合もあるので注意が必要である．

XBM：X BitMap

● XBM

UNIX 用のビットマップ形式である．ビットマップは，bit の 01 に対応して白黒画像を表現するというものである．図 4.5 に示したように基本的に 2 値画像であり，そのファイルは ASCII 型なので，ファイルの中身を直接編集することが容易にできる．XBM は白黒 2 値しか対応していないが，XPM(XpixMap)形式の場合には，カラーイメージもサポートしている．

● その他の中間フォーマット

互いの他のフォーマットに変換する場合に，中間フォーマットと呼ばれる形式に変換してから他のフォーマットに変換することがよくある．ここでは，それらの中間フォーマットの名前だけをいくつか紹介しておこう．

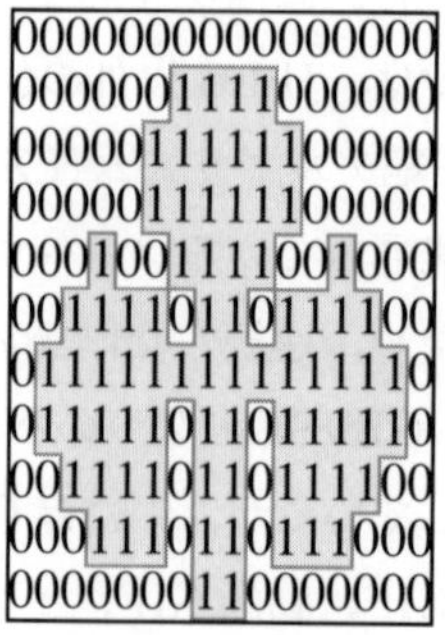

図 4.5 X ビットマップ

4.4 NTSC信号

PBM：Portable Bit-Map
PGM：Portable GrayMap
PPM：Portable PixelMap

PBM：白黒2値用
PGM：グレイスケール階調用
PPM：カラー用

NTSC：National Television Standard Committee

PAL：Phase Alternation by Line

SECAM

飛び越し走査

クリアビジョン放送

　レーザディスクやVTR，テレビ放送はいずれも映像情報を扱っているわけであるが，これらはアナログ走査線方式である．日本とアメリカではNTSCによる規格，すなわち走査線数525本，1秒間に30コマ（フレーム），その他，色調などが決められている．イギリスやドイツでは走査線数625本，1秒間に25コマのPAL方式が採用されている．また，フランスやロシアの一部では，SECAM方式が用いられている．

　原理的には，どの方式でも同じであるので，ここでは，NTSCを中心に話を進める．走査線は左から右に向かって走っており，右端にくると1つ下の左端から再び始まる．このようにして，2次元の画像情報を1次元の信号としている．図4.6に示したように実際のNTSC信号による現行の放送では，2走査線ごとに画像を1/60秒で表示して（263本），残りの1/60秒で前に飛ばした走査線の画像を表示させている（飛び越し走査）．クリアビジョン放送と呼ばれているものは，この1本おきの画像の濃度値を補間することにより，1/60秒に525本の走査線で画像を表示している．

　アナログ形式の信号では，この1次元信号の周波数が映像信号となるわけであるが，この場合，横方向，すなわち，走査線方向の解像度がこの周波数で決ま

実際よりも強調して示してある

図4.6　現行NTSC模式図（1/60秒，飛び越し走査）

る．縦方向の解像度は走査線の数で決まっており，時間によるフレームの変化は，1秒間あたりのコマ数で決まってしまうので，画像の解像度もこの関係により決まる．

ところで，コンピュータでビデオ信号や，LD，TVなどの映像を入力したり，逆にコンピュータの映像をビデオに録画するためには，アナログ式NTSC信号とデジタル信号の間の変換をしなければならない．これは，アナログ情報を単に量子化してデジタル信号に変換するというだけでなく，走査線の数の違いによる変換なども必要である．このためにコンピュータ側にビデオキャプチャボードと呼ばれるものが必要となる．

4.5　デジタル映像

従来TV放送などは，アナログ式NTSC信号で放送されていたが，最近では，衛星放送，ハイビジョンTVなど，デジタル信号による放送も行われている．映像のデジタル化も画像や音声情報と同様に標本化と量子化の2つの処理で行われる．ただし，アナログ映像では，走査線方向の周波数成分だけであったが，本来映像は2次元画像と時間軸に対する変化を含めた3次元情報である．たとえば，画面を xy，時間を t としよう．一般に任意の画像は，それぞれの濃淡値を示す関数 $g(x,y,t)$ で表わされ，その3成分に対して離散コサイン変換(3次元フーリエ変換)をほどこすことにより周波数の関数として表現される．

そこで，デジタル化には，この3方向の周波数成分に対して，それぞれサンプリング周波数(もとの信号の2倍以上)を決め，それらを量子化しなければならない．たとえば，NTSCのRGBおよび輝度(Y)に対するサンプルレートは，13.5MHzで8ビット量子化，ハイビジョンでは，サンプルレートが74.25MHzで量子化が8または10ビットとなっている．

4.6　MPEG

MPEG：Moving Picture Expert Group

Video CD

DVD：Digital Versatile Disc

VOD：Video on Demand

コンピュータに映像情報を保存したり，通信したりする場合も，画像情報と同様に圧縮技術を用いて情報量を適度な大きさにしておく必要がある．これはMPEGによって国際的な規格化がなされている．またこの規格は，Video CD，DVD，VODやインターネット上の標準的な動画像フォーマットの1つとして広く利用されている．

表4.1に示したようにMPEGには3つのモード(MPEG-1，MPEG-2，

4.6 MPEG

表 4.1 MPEG 規格

方式	伝送レート	圧縮率	品質	用途・応用
MPEG-1	1.5 Mbps	約 35：1	家庭用 VTR より多少劣る	CD-ROM など
MPEG-2	1.65〜60 Mbps	約 40：1	現行 TV 放送並みかそれ以上	DVD，放送・通信
MPEG-4	48〜64 kbps	フラクタル圧縮	リアルタイム性，双方向性	テレビ電話，電子会議

MPEG-7

MPEG-4)と新たに加わった MPEG-7 というモードがある．ただし，MPEG-7 は映像圧縮のための規格ではない．近い将来，放送，インターネット上のマルチメディアコンテンツを各家庭でホームサーバと呼ばれる機器(テレビ＋ハードディスク)に蓄積することになるだろうと想定し，このホームサーバでのコンテンツ検索のためのインタフェース規格を制定している．

MPEG-1

MPEG-1 では，CD-ROM などのパッケージメディアを想定しているために，必ずしもリアルタイム処理をしなくてもよい場合が多い．そこで，ある程度の遅延が認められている．その代わりに以下の点が機能として必要である．

① 高速再生，スロー再生，ランダムアクセス等の再生機能
② 音響との同期

MPEG-2

一方，MPEG-2 では，放送，通信を想定しているので，現行の NTSC 信号以上の画質が要求される．MPEG の原理は，動き補償予測と呼ばれる一種の補間と 2 次元 DCT の組み合わせである．図 4.7 に示したのはこの動き補償予測の原理図である．動画像情報は，I(Intra-coded)，P(Predictive-coded)，B(Bidirectionally predictive-coded)の 3 種類のピクチャに分けられ，デジタル化される．I ピクチャは元の信号をそのまま符号化する[*1]．これは，10〜15 フレームごとに置かれる．P ピクチャは一方向の動き補償予測に用いられ，前の画像[*2]との差分情報が符号化される．B ピクチャは，前後両方向の動き補償予測を与えるためのもので，前後の画像からの補間情報が符号化される．ここで，動き補償予測とは，動画像の場合フレーム内の画像は連続的に変化するので，1 フレーム単位での違いは，動きによる場合がほとんどである．そこでこの動きによる前の画像

*1 ただし，1 フレーム内の画像としての圧縮は行われる＝JPEG と同様な方法
*2 I または P ピクチャ

動き補償予測

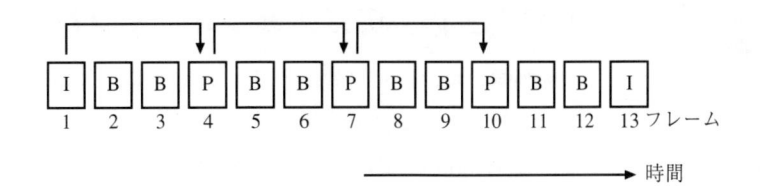

I	B	B	P	B	B	P	B	B	P	B	B	I
1	2	3	4	5	6	7	8	9	10	11	12	13 フレーム

→ 時間

図 4.7　MPEG における動き補償

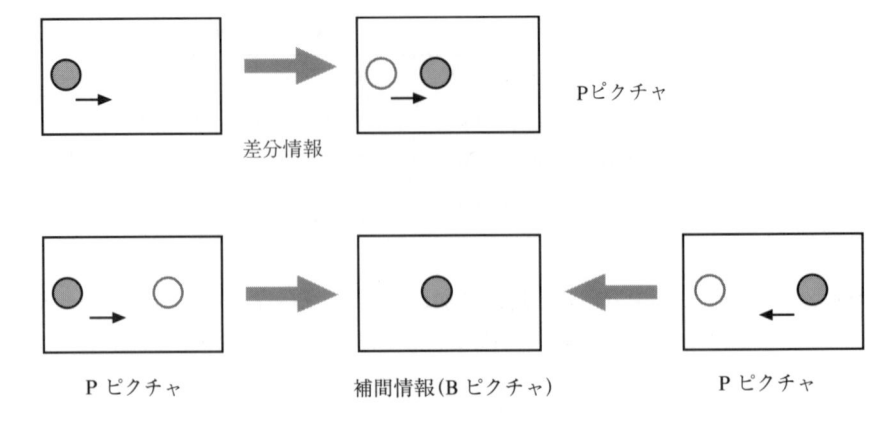

図4.8 画像における補間

との差から次の画像の動きを予測するという方法である．ただし，この動き補償予測では1画像分全体で行うと複雑な動きに対してはうまくいかないので，入力画像を16×16ピクセル程度の大きさのブロックに分割して，ブロック単位で行う必要がある．Iピクチャでの画像圧縮，さらにP，Bピクチャによる差分符号化によって，情報量を全体で，1/35くらいに圧縮することができる．

MPEG-1では，1フレームの画像情報はラスタ走査を前提としているが，画像の大きさなどには規定がない．しかし，CCITTでは，**CIF**として，360×288（符号化部分は352×240ピクセル）×30フレーム/秒の輝度信号を設定している．色情報に対しては，その1/4の領域にあたる［180(176)×144(140)］のQCIFを設定している．というのは，人間の視覚は輝度情報に比べて色情報の解像度が低いためである．

一方，MPEG-2では，画像の大きさは，最大720×480×30フレームとなっている．また，MPEG-1では，1ラインごとの走査であったが，MPEG-2では，現行TVと同様に飛び越し走査にも対応している．

CCITT：現ITU，国際電信電話諮問委員会
CIF：Common Intermediate Format，共通中間フォーマット
QCIF：Quarter CIF

4.7　MPEG以外の動画像フォーマット

AVI形式
Cinepak
Indeo
Video1

動画像の場合は画像情報と違ってそれほど多くのファイル形式があるわけではない．ほとんどが，MPEG規格をサポートする形となっている．しかし，このほかにWindowsでは，Video for Windows用の音声・動画像フォーマットとしてAVI形式というのがある．AVIは，ゲームソフトなどで利用されているCinepakという形式やIndeo，Video1と呼ばれるフォーマットもサポートして

4.8 MPEG の再生

QuickTime
MJPEG：Motion JPEG

いる．同様に Macintosh 用には，QuickTime という音声・MIDI・テキスト・動画像などを統合化するフォーマットもある．動画像では，MPEG, Cinepak, Indeo, AppleVideo などをサポートしている．そのほか，静止画像を連続的に表示することで疑似的な動画像をつくり出す MJPEG というものもある．

UNIX 系のワークステーション (WS) 上で MPEG で圧縮された動画像データを再生するためには，いくつかのソフトウエアが存在している．カリフォルニア大学バークレイ校で開発されたフリーソフトで mpeg_play というものがある．ただし，これは MPEG-1 のみをサポートしており，音声の再生もサポートされていない．これは以下のコマンドで実行できる．

mpeg_play

```
% mpeg_play [option] filename
```

と入力すればよい．また，mpeg_play -help と入力すると option の一覧が表示されるのでここでは説明を省く．mpeg_play というコマンドは MPEG フォーマットのみに対応していたが，xanim という各種動画像/アニメーション再生ツールがフリーソフトとしてある．動画像フォーマットとしては，AVI, QuickTime, MPEG などをサポートしている．

xanim

```
% xanim filename
```

と入力することで動画像を再生することができる．マウスの中ボタンが再生の開始/停止を行う．

メディアプレーヤー
Sparkle

そのほか，Windows では，メディアプレーヤーというアプリケーション，Macintosh では，Sparkle というフリーソフトがある．

4.9 DVD

DVD

動画像情報を提供する新しいマルチメディアディスクとして **DVD** が開発された．DVD は，Digital Versatile Disc の略であるが，CD と同じ原理の光ディスクに動画像や各種データを記録する目的で，1995 年 12 月に規格が統一された．DVD と CD の規格の比較を図 4.9 に示した．DVD の容量は，CD の約 7 倍くらいある．しかし実は DVD ではいくつかのモードが存在しており，これよりも容量の大きい規格も制定されている．ディスクのサイズは，CD と DVD でまったく同じである．CD はもともと片面記録であるが，DVD は片面もしくは両面記録が規格として定められている．

	DVD	CD
記録容量	4.7GB（片面）	約650MB
ディスク直径	120mm	120mm
ディスク厚	1.2mm（両面）	1.2mm
最短ピット長	0.4μm	0.9μm
トラックピッチ	0.74μm	1.6μm
ディスクの回転制御	CLV（線速度一定）	CLV（線速度一定）
線速度	約4m/s	約1.3m/s
データ転送速度	約10Mbps	約1.5Mbps
半導体レーザ波長	650/635nm	780nm
素材材料	ポリカーボネート	ポリカーボネート

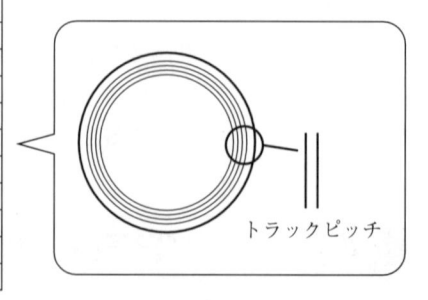

図4.9　光ディスクの規格

DVD-5　1層片面　4.7GB

DVD-9　2層片面　8.5GB

DVD-10　1層両面　9.4GB

DVD-17　2層両面　17GB

図4.10　DVDディスク

　同じサイズなのにどうしてDVDの方が容量が大きいかといえば，ピットの長さとトラック間隔が小さくなっているためである．これは，半導体レーザで波長の小さいものが開発されたために実現できた技術といえる．DVDではいくつかのモードがあるといったが，図4.10に示したように1層片面記録（DVD-5規格）のほかに，1層両面（DVD-10）で9.4GBの容量のもの，2層片面8.5GBのもの，2層両面17GBのものが規格として存在する．2層方式は，レーザの焦点距離をずらすことにより互いに信号が干渉しないようになっている．しかし，両面記録ではディスクを裏返しにしなければならないので，基本的には片面記録のものが主流になると思われる．4.7GBのディスクで映像が約2時間以上記録できる．また，2層片面8.5GBのディスクで約4時間の記録が可能である．

4.10　各種DVDとその特徴

　DVDはその用途に応じて大きく2種類に分けることができる．1つはビデオディスクとして映像などのAV情報を中心に記録する場合と，他方は，コンピュータのデータ用である．ちょうどCDでもCD-DA（音楽用）とCD-ROM（コン

4.10 各種DVDとその特徴

表 4.2 各種DVD（括弧内は時間(分)）

AV用	再生専用	DVD-Video	4.7 GB（137分）/8.5 G（242分）/9.4 G（265分）/17 G（484分）
		DVD-audio	4.7 GB（CD並みの音質時：約500分）
	再録	DVD-RW	4.7 GB（133分）
PC用	読出専用	DVD-ROM	4.7 GB/8.5 GB/9.4 GB/17 GB
	追記型	DVD-R	3.95 GB
	書換型	DVD-RAM	2.6 GB
		PC-RW	3 GB

ピュータ用)があるのと同じである．さらにこれらは読み出し(再生)専用と読み出し/書き込み(再録)が可能な場合の2種類に分けることができる．表4.2にこれらの関係をまとめてみた．

DVD-Video 　表でAV用と書いてあるのが，映像記録用でDVD-Videoと呼ばれるもので，その容量は前節で述べたように，片面(1層・2層)，両面(1層・2層)の4種類ある．表における( )内は，それに対応した再生時間(分)である．DVD-VideoはDVDプレーヤにより再生されるが，映像情報はMPEG-2で圧縮記録されている．また音声はドルビーAC3という規格で圧縮され，フロント，リアのステレオサウンドとセンタの分が同時に再生される．そのほか，8か国語の音声記録が可能となっている．さらに副映像(サブピクチャ)として最大32チャンネルのスペースがあり，各国語に対応した字幕などを記録することもできるようになっている．ただし，DVD-Videoには地域コードというのがあり，このコードがプレーヤのコードと違うと再生ができない場合がある．地域コードを表4.3に示す．

DVD-Audio 　一方，DVD-AudioはCDと同様に音楽記録用であるが，4.7GBなのでCDの約7倍近い記録が可能である．44.1kHz・16bitのデジタル変換，ステレオ2chでCDは約74分の再生時間だったので，DVD-Audioでは約500分(約8時間)

表 4.3 DVD-Videoにおける地域コード

コード	地域
1	アメリカ，カナダ，プエルトリコなど
2	日本，ヨーロッパ，南アフリカ，中東，エジプトなど
3	韓国，東南アジア，香港など
4	オーストラリア，メキシコ，南アメリカ，カリブ諸島など
5	旧ソ連諸国，北朝鮮，南アジア，アフリカ
6	中国

の記録が可能である．ただし，DVD-Audio の規格では CD よりも高音質であるり，量子化ビットも 16, 20, 24bit から選択できる．もっとも高音質の場合，すなわち 192kHz/24bit だと CD の 6 倍の解像度に相当するので，記録時間はほぼ 74 分程度となる．このほか，ステレオ 2 チャンネルではなく多チャンネルモード(96kHz/24bit)というのもある．その他，音楽情報のほかにビデオスライドショー機能などもある．

DVD-RW　　さて，録画可能な DVD レコーダ用として DVD-RW がある．将来的には家庭用 VTR にとって代わる可能性が大きい．標準の録画時間は 133 分(約 2 時間)であるが，モードを変えることで，6 時間まで可能となっている．

DVD-ROM　　さて，CD も PC のデータ用に CD-ROM があるように，DVD でも DVD-ROM がある．容量は，DVD-Video の場合と同じであり，大容量を必要とする 3D カーナビゲーションシステムなどに利用されている．また最近の PC では CD-ROM ドライブの代わりに最初から DVD-ROM ドライブが導入されている機種もある．このほかのデータ用の DVD(DVD-RAM, DVD-R, PC-RW)については，第 6 章のリムーバブルディスクの項で詳しく説明することにする．

4.11　デスクトップ会議システム

CSCW：Computer Supported Cooperative Work：コンピュータ支援による協調作業

電子会議システム

デスクトップ会議システム

ShowMe

CU-SeeMe：シーユーシーミーと読む

離れた場所にあるワークステーションや PC をネットワークで結び，映像をはじめとするマルチメディア情報をやりとりすることによって，資料の交換やディスカッションを行うためのシステムを **CSCW** とか日本では，**電子会議システム**，**デスクトップ会議システム**などと呼んでいる．ここでは，広く利用されている ShowMe と CU-SeeMe について紹介する．

このようなシステムは映像情報を含めないのであれば，かなり古くからあった．たとえば，UNIX WS 上で利用できる phone, talk(文字情報のみ)や，PC 上での InternetPhone(音声のみ，Windows)，NetPhone(音声のみ，

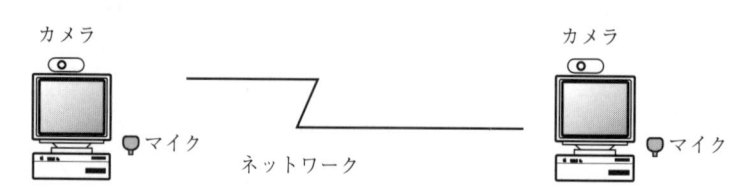

画面共有，協調作業，テレビ電話，電子会議

図 4.11　CSCW システム

QuickTime Conferencing Kit
VideoPhone

Macintosh)などがある．ビデオ情報を取り扱ったものとして，QuickTime Conferencing Kit(ビデオ，音声，Macintosh)やVideoPhone(ビデオ，音声，Macintosh)などもある．一般にCSCWを利用するためには，図4.11に示したように以下のことが必要である．

① ビデオカメラ
② マイクロフォン
③ ネットワーク接続されているコンピュータ
④ 電子会議システムソフト

さてShowMeはSUNマイクロシステムズ社が開発したCSCWで組織内LANだけでなく，インターネットを介して組織外との間でも利用できる．以下のような機能が用意されている．

① 会議マネージャ：会議の開始，参加者の登録，会議の終了
② ShowMeツール(ビデオ，ホワイトボード，オーディオ)

ビデオを起動すると各参加者側に設置されているビデオカメラの映像(カラー/グレースケール)が映し出される．すべての参加者の映像を一度に全部表示することも可能であるし，一部の参加者だけを表示することもできる．

ビデオ画像は，SUN独自のCellBという方式で圧縮されている．これは，4×4ピクセルからなる「セル」を単位として圧縮するもので，1/16〜1/32くらいの圧縮率をもつ．動画像といっても表示速度を1秒間に1〜30コマと設定することができる．また，動画だけでなく，ビデオカメラによりスナップショットを撮ることもできる．

自分のカメラの画像に関しては，640×480の高解像度の画像を撮ることができ，他の参加者にその画像を送信することも可能である．また，他の参加者のビデオ映像をスナップショットすることも可能であるが，これは圧縮されたビデオ信号を入力とするので，画質は多少悪い．このほか，自分のビデオ画像や音声を他の出席者にモニターできないようにそれらの送信を制御することも可能である．

一方，ホワイトボード機能とは，1つの描画用ウインドウをすべての参加者が共有するもので，そのウインドウに書いた文字や図形は，すべての参加者に提供される．ホワイトボード上の情報を保存したり印刷したりできる．このほか，SharedAppという機能があり，これを使うとアプリケーションも共有できる．すなわち会議を最初に開いた者が，アプリケーションを開始すると，他の参加者は各自のマシン上でそのアプリケーションを実行しているかのように画面を操作することができる．このようにして，参加者全員が同時に同一のアプリケーショ

ンで協調作業を行うことができる．

さて ShowMe は SUN ワークステーション上で動く電子会議システムであったが，CU-SeeMe と呼ばれるフリーソフトでは Windows や Macintosh でも ShowMe と同様なことができる．**CU-SeeMe** は 1993 年にアメリカのコーネル大学で開発されフリーソフトとして配布されている．もともとは 1 対 1 のテレビ電話のような機能をもつものとして開発されたが，現在は，リフレクタと呼ばれるプログラムを UNIX 上で動作させることにより複数参加型の会議システムが可能となっている．CU-SeeMe は以下の anonymous ftp サイトから入手することができる．

CU-SeeMe

ftp://ftp.glocom.ac.jp/mirror/gated.cornell.edu/video

または

ftp://ftp.race.u-tokyo.ac.jp/mirror/gated.cornell.edu/video

CU-SeeMe のフリーソフト版では，SUN の ShowMe のようなホワイトボード機能はないが，ビデオツールとオーディオツールは同様なことができる（ただし，白黒 16 階調）．さらにマルチキャスト[*1]により複数のリフレクタが同時に同じビデオ情報と音声情報を流すことで，放送と同じようなことが可能となっている[*2]．事実，アメリカの NASA TV では，この CU-SeeMe を利用して，スペースシャトルの打ち上げやスペースシャトル内の映像をリアルタイムで流している．また，そのほかビデオニュースなども流している．

NASA Television；

http://btree.lerc.nasa.gov/NASA_TV/

*1 マルチキャスト 複数の相手を特定して通信する．ちなみに不特定多数を相手とする場合はブロードキャストと呼ばれる．

*2 現在は 1 つのリフレクタにより Lurkers と呼ばれる，ただ見ているだけの人も含めて 24 人まで受信できる．

4.12 動画像情報とマルチメディアサービス

CSCW の機能を用いることにより，単に電子会議システムだけでなく以下の応用が期待できる．

①遠隔医療，②国内/国際会議，③研究会/講習会，④図書館における利用，⑤放送，⑥教育，⑦テレビ電話，⑧協同作業

CSCW 以外に動画像情報を利用したマルチメディアサービスとして考えられるものには，以下のようなものがある．

① 電子出版，電子図書
② 教育，シミュレーション
③ ゲーム
④ ビデオ・オン・デマンド

⑤　広告や商品紹介
⑥　サイエンティフィックビジュアライゼーション（CG）

などいくらでも可能性がでてくる．これらのいくつかについては，あとの章で詳しく解説する．

5章 コンピュータグラフィックス(CG)

5.1 CGの利用

CG

コンピュータグラフィックス

前節で映像情報について見たが，3次元映像としてのCGの役割がますます重要になってきている．最近では，コマーシャル，TV番組，映画などでもリアリティのあるコンピュータグラフィックスの画像や動画像を目にする機会も増えている．CGにより番組制作の費用を安くおさえられることや，現実には存在しないものまでも再現することが可能であるといったことから今後のマルチメディア情報処理にも重要な技術の1つであろう．CGを利用してどのようなことに応用できるかをまとめてみると以下のようになる．

バーチャルリアリティ

① バーチャルリアリティ：すでに遊園地などのアトラクションにもあるように，実際にはスリルや危険をともなう状況を擬似体験することも可能である．そういう意味では映画との融合も見られる．

サイエンティフィックビジュアライゼーション

② サイエンティフィックビジュアライゼーション・各種シミュレーション：物理，化学などの結果を視覚化する．また，ドライブシミュレーションや手術のシミュレーションなど，CGを利用した教育などにも利用できる．モンタージュや骨格からの復元作業にも利用できる．

③ ゲーム

④ 設計・デザイン・商品開発：商品のデザインや服飾，髪形のデザインなど．従来はスケッチなどで行っていたわけであるが，よりリアルにイメージを与えることができる．

⑤ 番組制作・映画制作・立体アニメ：すでに多くの映画やTV番組でおなじみである．インパクトのある映像を作り出している．

⑥ プレゼンテーション

⑦ 歴史的建造物などの再現：たとえば遺跡とか過去の建造物を復元し，その中を自由に動き回るといったことができる．

5.1 CGの利用

⑧ 環境シミュレーション：都市計画や環境シミュレーションを始めとし，室内のインテリア，建物の完成図などに応用されている．

⑨ アート

⑩ GUI(Graphical User Interface)

⑪ その他：電子美術館，電子図書館，電子絵本，立体地図など

さてCGといってもそれを作成する方法は数限りなく存在する．たとえば，2次元なのか3次元なのかとかプログラミングをするのか，それともお絵描きツールのようなもので描くのかといったことである．2次元か3次元かはそれが奥行き情報をもつかどうかで決まる．3次元CGにしても今のところ，表示される段階では2次元情報に置き換わるわけであるが，インターラクティブな操作で，物体を回転させたり，別の方向からの視点変換を連続的に行えなければならない．

アニメーション

そういう点で漫画のアニメーションとは違っている．TVのCMとか映画，番組などで見られるCGの多くは，簡単にいえば，グラフィックスエディタと呼ばれる高級なお絵描きツールのようなもので作成されている物がほとんどであろう．しかし，お絵描きツールといっても操作はかなり複雑で，コンピュータグラフィックスの知識がかなり必要となる．一方，プログラミングでCGを作成するための言語もいくつか存在している．もし，自分でお絵描きツールや独自のシステムを作成するのであれば，これらの言語を駆使しなければならない．基本的にはライン(線)を描く命令のある言語であればCGのプログラミングは可能である．そういう意味では，グラフィックス専用の言語でなくてもCGを描くことができる．しかし，普通は，グラフィックスに必要な関数群をすでに用意してあるグラフィックス用の言語もしくはライブラリを用いてプログラミングした方が効率がよい．ここでは，グラフィックス用言語/ライブラリのいくつかを紹介する．

GKS：Graphic Kernel System

PHIGS：the Programmers Hierarchical Interactive Graphics Standard

GL：Graphics Library

OpenGL

OpenInventor

Java

① GKS：2次元グラフィックス用の言語

② PHIGS：3次元グラフィックス用の言語

③ GL：シリコングラフィックス社(SGI)のグラフィックスワークステーション用のグラフィックスライブラリ

④ OpenGL：GLをもとに多くのプラットフォーム(SGI以外のマシン)でもGLと同じような機能ができるようにしたもの．ただし，GLとの互換性はなく，別の関数となっている．

⑤ OpenInventor：これもSGIで開発されたInventorというグラフィックスライブラリをマルチプラットホーム対応に拡張したもの．

⑥ Java：アニメーションや音声をWWWの記述言語HTMLの中に組み込んで制御することができるのが特徴である．ただし，もともとは3次元

グラフィックスとしての機能はもっていなかったが，Java3Dという形で，3次元グラフィックスのクラスライブラリを提供するようになった．
⑦ VRML：これもWWW上で3次元CGを表示するためのものである．
⑧ Mathematica：主として関数などのグラフィックス表示を容易にするためのアプリケーション．インターラクティブに計算やそのグラフィックス表現ができる．またプログラミングも可能である．

VRML：Virtual Reality Modeling Language

Mathematica

5.2　CGの基礎知識（用語を中心に）

　一般にグラフィックスの描画のための基本命令は頂点，線分，ポリゴン（多角形）を描くことで行われる．一見曲面のように見える図形でも図5.1の球のように実は，多角形平面（ポリゴン）の集合として表している（**Surface モデル**）．このポリゴンの大きさを小さくしていけばいくほど複雑で滑らかな曲面を表現できるが，計算機の処理時間は遅くなる．もう1つは線画のように線だけで物体を表現する方法もある（**ワイヤフレームモデル**）．ただし，この場合は，線で囲まれていてもそこには何もないので，裏側も透けて見えてしまう．

ポリゴン

Surface モデル

ワイヤフレームモデル

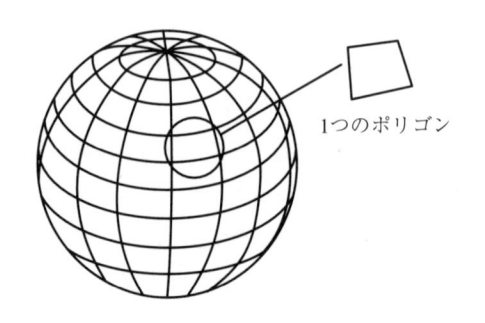

図5.1　CGにおけるポリゴン

　複雑な物体であると，その線が表側か裏側かの判断がつかなくなり立体感がなくなることがある．そこで3次元グラフィックスで重要となってくることは，隠面処理と呼ばれるものである．すなわち，複数の物体の前後関係を調べて，うしろにあるものは描画しないという操作である．
　図5.2では，2つの立方体が描かれているが，もし，隠面消去を行わないのであれば，どちらの立方体が前にあるのかわからない．すなわち，立体的に物が見えないことになる．隠面消去をほどこすことにより立体的に見えるのを助けることになる．隠面消去は，プログラミングにより行うこともあるが，処理に時間がかかる．一番シンプルなのは，奥行きの深いところから描画していき，そのつど

隠面処理

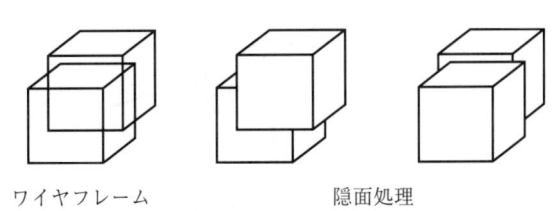

図 5.2　隠面処理

ポリゴンを塗りつぶしていく方法である．しかし一般にグラフィックス専用ワークステーションであれば，隠面消去はハード的に行っている．すなわち Z バッファリングというメモリ上に各ピクセルの奥行き情報(z座標値)をいれておく．後から描画される図形の同じピクセルでの値を比較して，手前にあれば，その Z バッファ値を書き換えていき，ピクセルには対応する色を表示する．最終的に画面全体を描画するわけであるが，そのときに各ピクセルごとに Z バッファ値の小さい，すなわち手前の物体を描画することになる．

Z バッファリング

5.3　レンダリング

さて，次に 3 次元グラフィックスで物体を立体的に表現するための方法として光源機能がある．これは光源の方向と距離から物体の反射光の様子を疑似的に再現する方法である．ピクセル単位でこれを行えば，レイトレーシングということになるが，一般にこれだと処理に莫大な時間がかかってしまい，動きのあるものを表現するには不適切である．そこで，頂点あるいは面での法線ベクトル*と光源の位置から物体の陰影を求める(**シェーディング**：図 5.3)．さらに曲面などでは複数の面が交差する頂点ごとに法線の方向が違ってくるが，よりなめらかに表現するためには，この法線方向を平均化するということが行われる(**グーローシェーディング**：図 5.4)．また，最も光の反射する方向，すなわち光源の方向に法線ベクトルをもつ面の色を明るくし，光源と 90 度あるいはそれ以上の角度ではなれている面に対しては暗い色を割り当て，その間を連続的にグラデーションをかける．そうすることによりこの場合もなめらかな立体球面が表現できる．

レイトレーシング

*面に垂直な方向

シェーディング

グーローシェーディング

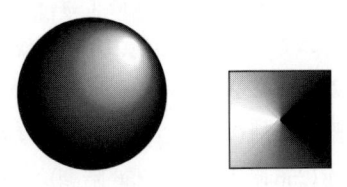

図 5.3　シェーディングの例

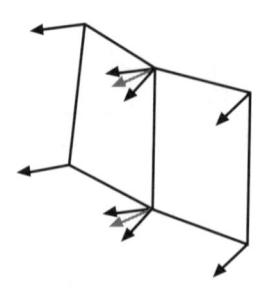

2つ以上の面の交差しているところの頂点では，それぞれの面に対して法線があるが，これらを平均化して与えると曲面がなめらかに表現できる．

図 5.4　グーローシェーディング

specular：鏡面反射
diffuse：拡散反射
ambient：環境光，周囲光

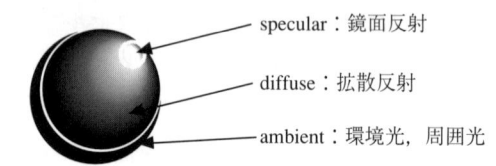

図 5.5　CGにおける照光処理

さて，一般に 3 つの色の違いを領域に割り当てシェーディングをすることが多い．図 5.5 のように最も明るく光の入射方向に光が反射される部分，これをspecular(反射光)と呼ぶ．またその周りの入射光とは違った方向に反射される部分を diffuse(拡散光)といい，光源からは直接光はあたらないが，周囲の散乱光などからぼんやり見える部分を ambient(環境光)と呼んでいる．

specular(反射光)
diffuse(拡散光)
ambient(環境光)

5.4　カラーモード

CG に限らずコンピュータでカラーを必要とする場合は，カラーモードの知識も必要になってくる．多くの場合，カラーは以下に説明するカラーマップ*を利用するか，もしくは，RGB モードを利用するのが一般的である．

カラーマップ
*またはカラー指標ともいう

RGB モード

5.4.1　RGB モード

カラーディスプレイ装置では，1 ピクセルに赤，緑，青の微細な蛍光体が配置されていてそれぞれの色の輝度を調節していろいろな色を表現している．前にも述べたように 24 ビット・カラーという場合は，各 3 原色に 8 ビット(0〜255)ずつの階調が割り当てられている．すなわち，

24 ビット・カラー

赤(256 階調)×緑(256 階調)×青(256 階調)＝2^{24}＝16777216 色(フルカラー)

の色を同時に表現できるわけである．たとえば，R(赤)＝0，G(緑)＝0，B

5.4 カラーモード

(青)＝0を(0, 0, 0)のように表現するならば，

(0, 0, 0)＝黒　　(255, 0, 0)＝赤　　(0, 255, 0)＝緑　　(0, 0, 255)＝青
(255, 255, 255)＝白　　(255, 255, 0)＝黄色　　(0, 255, 255)＝シアン
(255, 0, 255)＝マゼンタ　　(100, 100, 100)＝グレイ

などとなる．これを見ればわかるようにすべての色を足し込むと白になるが，これを**加色混合法**と呼んでいる．ちなみにCMY表現というのもある．これは，RGBの補色(255, 255, 255)からRGBを引いた，シアン，マゼンタ，イエローを3原色として色表現をするもので，この場合は減色混合となる．

加色混合法
CMY
減色混合

カラーマップ

5.4.2 カラーマップ

RGBモードでは，その数字からどのような色かを直観的に把握できないことがある．そこで，あらかじめ色に名前をつけておき，その名前を指定することで，色を表示するためのものである．たとえば，RGBでは，PINK色を(255, 80, 80)などと指定しなければならないが，PINK＝(255, 80, 80)と定義しておけば，以後は，"PINK"という文字を指定すればよい．Xウインドウ系のワークステーションでは，/usr/openwin/lib/rgb.txt または，/usr/lib/X11/rgb.txt のところにカラーマップが定義されている．しかし，カラーマップでの指定では，色数が制限されてしまうため，微妙な色の違いや，色補間にはRGBモードの方が便利なこともある．

5.4.3 HLS表現

色相(Hue)
明度(Lightness)
彩度(Saturation)
HLS表現

図5.6に示したように色情報を感覚的にわかりやすくするために，色相(Hue)，明度(Lightness)，彩度(Saturation)を用いて色を表現する方法がHLS

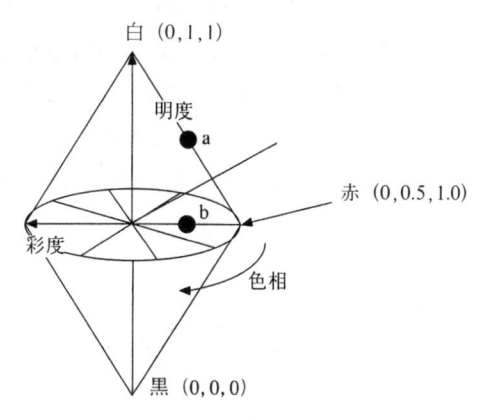

図5.6 HLSカラー表現

表現である．ここで，色相とは色自身を示し，0度から360度までの角度で示される．明度は明るさで，一番明るい場合(1.0)が白で，暗い場合(0.0)が黒になる．また彩度は色の鮮やかさでこれも0.0から1.0までの値をとる．RGBとHLS表現との対比を表5.1に示しておく．

表5.1　HLS表現とRGB表現

色	HLS	RGB
白	0.0, 1.0, 1.0	1.0, 1.0, 1.0
暗赤	0.0, 0.5, 0.5	0.5, 0.0, 0.0
赤	0.0, 0.5, 1.0	1.0, 0.0, 0.0
緑	120.0, 0.5, 1.0	0.0, 1.0, 0.0
青	240.0, 0.5, 1.0	0.0, 0.0, 1.0
黒	0.0, 0.0, 1.0	0.0, 0.0, 0.0

ただし，HLSにおける黒は，Lが0.0であれば他の値は関係しない．
また，RGBの各色は最大値を1.0に規格化してある．

5.5　モデリング

立体の物体を表現する方法として最初に述べたワイヤフレームやSurfaceモデルのほかにもいくつかのモデリングの手法がある．ここではそれらについて簡単に述べておく．

Solid モデル

5.5.1　Solid モデル

surfaceモデルでは，面の情報はあったが，その面で作られる物体全体の情報すなわち，物体の内側か外側かの情報を持っていない(ただし面の表裏の情報はもっている)．そこで，これらの情報も含めた形でモデリングするのが，Solidモデルと呼ばれるものである．このモデルだと，CSGと呼ばれる立体同士のブール演算*が比較的容易にできる．たとえば，図5.7のように直方体の中に円柱形の穴があいているような立体は，直方体から円柱を引いて求めることが可能である．

CSG：Constructive Solid Geometry

*論理積とか論理和など

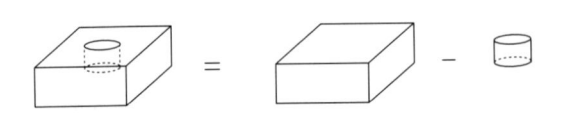

図5.7　Solid モデル

5.5.2 メタボール，ブラブ

中心が一番密度が濃く，外に行くにしたがって密度が薄くなる球または，回転楕円体を基本図形にし，これらを組み合わせて立体オブジェクトを作る方法である．この基本立体をメタボールとかブラブ(blob)と呼ぶ．この方法だと生物のようなすべて曲面から構成されている物に対しては自然な表現が可能となる．

メタボール
ブラブ

5.5.3 particle モデル

雲や炎のようなものは，ポリゴンの集合としての立体で表現することは非常に難しい．そこで，数多くの微小な粒子(点または小さな面)をある程度幅をもった方向に，しかし1つひとつランダムに動かし，その平均的寿命を与えたり，ときには色を変えながら描画するという方法である．これにより従来，Surface モデルなどでは表現できなかった煙のようなものも表現できるようになった．

particle モデル

5.6 アニメーション

3次元CGでは連続的に物体を動かしたり，視点を移動させたりすることにより立体的イメージを感覚的に認識させることができる．CGにおけるこのような動画も映像と同じように連続して画像を表示することで行っている．しかし，グラフィックス専用機でない場合は，ときとして1枚の画面を描画するのに時間がかかってしまい，スムーズな動きが表現できない場合がある．

そこでグラフィックス専用機では，**ダブルバッファ**というモードで描画するのが一般的である．これは，2つの画面情報を置いておくメモリ領域を確保しておき，片方のバッファの内容を表示している時間内に他方のバッファに画像を書き出すということを行っている．そして，2つのバッファの内容を交互に表示(スワッピング)することで，なめらかな動きが再現できる．

ダブルバッファ

一般に2つのバッファのスワッピングは1/60秒ごとか，その数倍程度の間隔で行われるが，画像が複雑で，描画に時間がかかる場合は，それ以上の時間間隔で2つの画像が入れ替わることになる．この場合は，動きが多少ぎこちなくなる．ダブルバッファを利用しないと描画にそれほど時間のかからない簡単な図形だとしても，それに動きを与えた場合は動くたびにノイズが入ったようになってしまい，なめらかな動きを表現することはできない．

5.7 座標変換

アニメーションのなかで，物体が移動したり形が変形したりあるいは，回転したりといったことは，座標変換によって行われる．CGでの座標系は，マシンによって設定が違うが一般的には画面に向かって垂直の手前方向をz軸にとるのが普通である(図5.8参照)．ただし，中には右手系でなく左手系を前提にマニュアルが記述されているものもある．いずれにしても各自が，自分で定めた座標系に置き換えて考えれば同様にできる．さて，座標変換では，一般に次のようなことができる．

① 回転　　② 移動　　③ スケーリング　　④ 変形

いま，1つの頂点座標(x,y,z)があり，これが座標変換によって(x',y',z')に変換されることを考える．

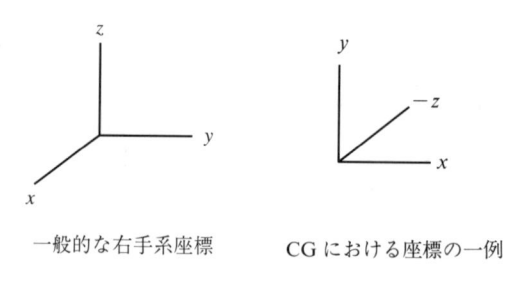

　　一般的な右手系座標　　　　CGにおける座標の一例

図5.8　座標系

回転　5.7.1 回転

z軸回りの回転

$$\begin{bmatrix} x' \\ y' \\ z' \end{bmatrix} = \begin{bmatrix} \cos\theta & \sin\theta & 0 \\ -\sin\theta & \cos\theta & 0 \\ 0 & 0 & 1 \end{bmatrix} \begin{bmatrix} x \\ y \\ z \end{bmatrix} \quad \begin{array}{l} x' = x\cos\theta + y\sin\theta \\ y' = -x\sin\theta + y\cos\theta \\ z' = z \end{array}$$

同様にx軸，y軸回りの回転行列は，

x軸回り　$\begin{bmatrix} 1 & 0 & 0 \\ 0 & \cos\theta & \sin\theta \\ 0 & -\sin\theta & \cos\theta \end{bmatrix}$

y軸回り　$\begin{bmatrix} \cos\theta & 0 & -\sin\theta \\ 0 & 1 & 0 \\ \sin\theta & 0 & \cos\theta \end{bmatrix}$

5.7 座標変換

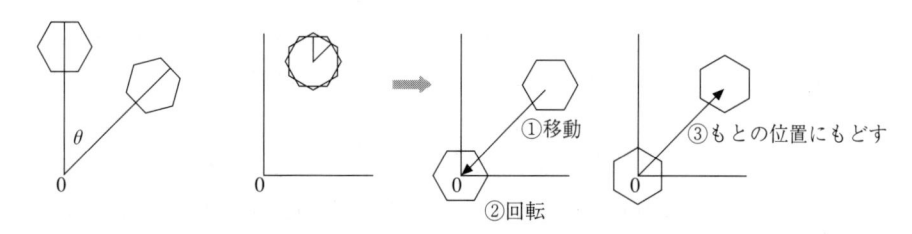

図 5.9 座標変換(回転)

となる．回転させたい物体のすべての頂点座標において行う．ただし，上記の式はあくまでも原点回りでの回転であるので，図 5.9 のように物体が原点中心になく，物体の中心点に関して回転を行いたい場合は物体を一旦，原点までもってきて回転操作をして，またもとの位置にもどすという手順が必要となる．

5.7.2 平行移動

図 5.10 のように物体を (a, b, c) だけ移動したい場合は，
$$(x', y', z') = (x+a, y+b, z+c)$$
とすればよい．なめらかに動かす場合は，(a, b, c) の値を小さくして小刻みに移動させることをくり返すことによって行う．また，そのことによって，平行移動だけでなく，曲線上を移動させることも可能である．

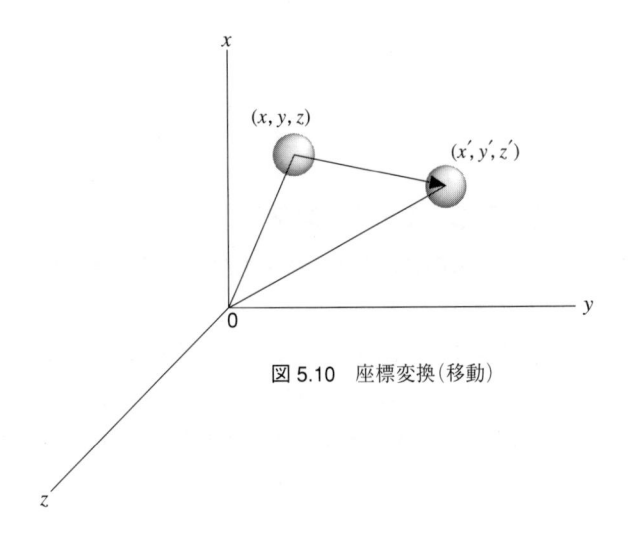

図 5.10 座標変換(移動)

5.7.3 拡大・縮小

x 軸方向に a 倍，y, z 軸方向にそれぞれ b, c 倍したいときは $(x', y', z') =$

(ax, by, cz) とする．ただし，物体が原点に中心がない場合は回転の場合と同様に一度原点に移動した後で行う．結局次のようになる．物体の中心座標を(x_0, y_0, z_0)とすると，

$$(x', y', z') = (a(x-x_0)+x_0, b(y-y_0)+y_0, c(z-z_0)+z_0)$$

これらを物体のすべての頂点で行う．図 5.11 に示したように図形を変形したいときに有効な方法である．

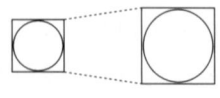

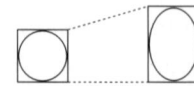

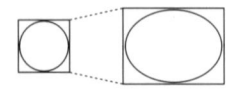

　　　　拡大　　　　　一方向のみの拡大　　方向によって拡大率が違う場合

図 5.11　座標変換（拡大・縮小）

5.7.4　ずれ変換

ずれ変換

$$(x', y', z') = (x, ax+y, bx+z)$$

というような変換を行うと図 5.12 に示したように，物体がつぶれたように変換される．これをずれ変換という．他の軸に対するずれも同様に示される．

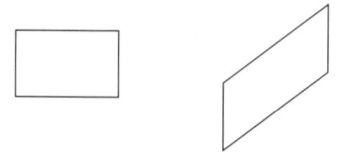

図 5.12　座標変換（ずれ変換）

5.7.5　モーフィング

モーフィング

　ある人の顔からまったく別な人の顔に連続的に変わっていくのを見たことがあると思う．これはモーフィングという技術を用いている．概念的にこれを簡単に説明すると，図 5.13 に示したように 2 つの違った物体同士の各頂点を対応づけて，中間のところの座標の変化を内挿（補間）によって求める．中間部を細かくすれば，2 つの物体への変形が連続的に表現できる．

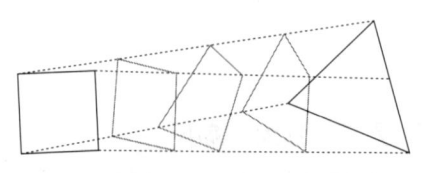

図 5.13　モーフィングの原理

5.7.6 テクスチャマッピング

CGで地球を描くときは球をつくるが，これだけでは地球に見えない．球の表面に海や大陸を描かなくてはならない．また，木目の浮きでた板を表現する場合や大理石でできた柱を表現する場合も表面に模様を描かなくてはならない．しかもその模様が幾何学的だと自然さがでない．こういう場合は**テクスチャマッピング**という技法を利用する．たとえば，木目模様などを写真にとっておき，これをスキャナなどで取り込んでおく．これを物体に張り付けるのがテクスチャマッピングである．また，表面の凹凸を陰などで表現し，これを物体に張り付けるとその表面にあたかも凹凸があるように見える．これが**バンプテクスチャマッピング**と呼ばれるものである．図5.14にその一例を示した．左側は大理石模様であり，右側は凹凸を示すバンプテクスチャである．

> テクスチャマッピング
>
> バンプテクスチャマッピング

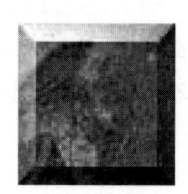

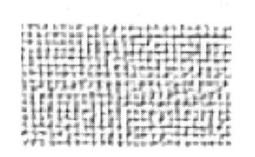

テクスチャ　　　　バンプテクスチャ

図 5.14　テクスチャの例

5.7.7 フラクタル

一般にどんなに複雑なものでも，それを細かく分解していけば単純なものへとなりうると思いがちである．たとえば，非常に複雑な曲線でも拡大していけば，その一部分はほとんど直線とみなすことができるし，複雑な曲面でも非常に小さな領域では平面で近似できると思っている．事実，CGの技法はこのことをよりどころにして曲面を描いているわけである．ところが，実際の自然界は必ずしもそうはなっていない場合もある．複雑な海岸線は拡大していっても必ずしも直線にはならないし，木の葉の形も拡大していったとしても縁のぎざぎざが残る．そこで，従来のユークリッド的な考えとは違う角度で新たな幾何学として登場したのがフラクタル幾何学と呼ばれるものである．これはもとの形を拡大していっても，そこにまたもとの形の縮尺された相似形が現れるというものである．このように自分自身が縮小されてもとの形の一部をなしているものを自己相似性を有す

> 自己相似性

るという．

フラクタル

フラクタルとは，まさにこの自己相似性をもつものということができる．実は，このフラクタル幾何学は，1975年に誕生したもので，数学者のマンデルブロによりラテン語の fractus（分解してばらばらになった状態）からつくられた名前である．フラクタルということばを一度は聞いたことのある人も多いのではないだろうか．最近では，純粋に数学的な問題だけでなく，工学，物理，経済学などの分野でも重要な研究テーマとなっている．また，コンピュータグラフィックスに応用されたり，CG アートの世界でも利用されている．特に，コンピュータグラフィックスの分野では，より自然に近い樹木の形状とか葉の形，雲の再現などにも利用されている．もし，ユークリッド幾何学的な形状のみで物体をつくろうとするとどうしても人工的になってしまう．たとえ，円，球，柱，錘などの基本図形を用いて自然界の形を再現できたとしても，非常に細かい作業と非常に大きな情報量が必要となる．そのようなわけで，自然界を再現するにはフラクタル的な形状を利用するのが最も自然であり，簡単に表現できる．最近の研究では，自然界が限りなくフラクタルに近い形で形成されていることも実際にわかってきている．図 5.15 に示したのは，このフラクタルの一例であるが，幾何学的な模様としても利用できる．また，逆に対称性が良すぎて自然でないと思うかもしれないが，これは枝の出る方向にランダム性を加味することで改良することもできる．

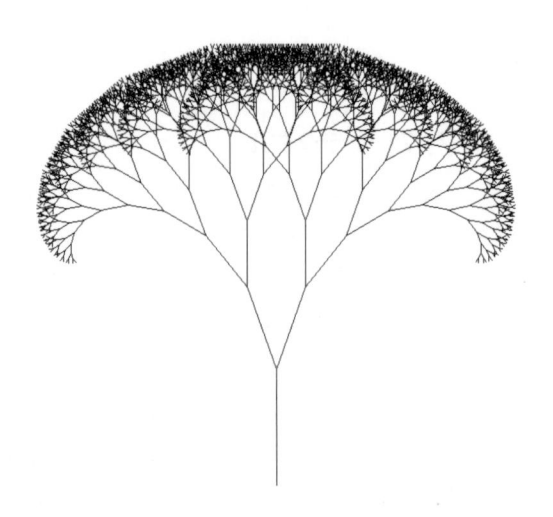

図 5.15　フラクタル図形の一例

5.8 Java, Shockwave

インターネットのWWWブラウザ上でアニメーションやプログラムが動かせたならば，表現の上で強力なツールとなるにちがいない．以前もcgi形式という形でプログラムを動かしたり，インタラクティブな対応が可能であったが，セキュリティの問題や，サーバへの負担といった問題点もあった．そこで登場したのが，**Java**というプログラミング言語である．Javaの特徴は，オブジェクト指向の言語であり，アプレット（Applet）と呼ばれる部品とクラスの継承という概念に基づいている．クラスはアプレットの種類や用途を表している．では，このアプレットとは何かということになるが，これは，Java言語で書かれたプログラムと思えばよい．C言語などでは，あらかじめ多くの関数が用意されており，それを呼び出すことでいろいろなことができるが，アプレットもある意味では，この関数と似ている．新たにアプレットを作成する場合は，すでにあるアプレットを利用してつくるのが一般的である．Java言語の文法については，別の参考書を参照してもらいたい．実際にどのようにしてJavaを利用するかといえば，以下の手順を行う．

> ① Javaによるプログラミング
> ② Javacでコンパイルする．すると，xxx.classという実行型のファイルができる．
> ③ WWWのホームページを記述するhtmlにこのxxx.classを指定する．
> ④ アプレットビューアまたはJava対応のWWWブラウザでJavaを動かすことができる．

Javaで3次元グラフィックスを扱うためには，Java3DというAPIを利用する．これはJava2から新たに組み込まれたが，JDK1.2のコアライブラリではなく拡張APIという形で提供されている．実際には，Java3Dが，直接グラフィックスを描画するのではなく，他のグラフィックス描画システムに命令を送ることで3次元グラフィックスを表現している．現在は，OpenGLやDirect3Dなどがその下層のシステムになっているが，原理的には下層のシステムは何でもよい．

> 参考URL http://java.sun.com/products/java-media/3D/

ところで，Web上でインタラクティブに操作するための方法として，**Shockwave**（ショックウェーブ）というものもある．これは，マルチメディア構築のためのオーサリングツールであるMacromedia社のDirectorで作成したムービーやマルチメディア作品をWebのホームページで扱えるようにしたものである．

Java
アプレット

Java 言語

API：Application Program Interface
JDK：Java Developer's Kit

Shockwave

そういう意味で，Java と似たところもある．ブラウザに Shockwave のプラグインを組み込むことで，Shockwave を見ることができる．

　　　　参考 URL　http://www.macromedia.com/shockwave　　または
　　　　　　　　　http://sdc.shockwave.com/jp/shockwave/

5.9　VRML

VRML：Virtual Reality Modeling Language

HTML：Hyper Text Markup Language

サイバースペース

　Web 上で 3 次元 CG を動かす方法として **VRML** というものがある．あとで説明する Web のホームページを作成するための HTML では，ホームページという 2 次元空間で構成されており，リンクをたどることで，あたかも本のページを 1 枚 1 枚めくっていく感じであるが，VRML では，サイバースペースと呼ばれる 3 次元空間内を動き回ることができるようになる．

　ここでは，これについても簡単に紹介しておく．もともと VRML は HTML の拡張として，X ウインドウ用の PHIGS である PEX というものを取り込む形で考えられていたが(当初は，VRML は Virtual Reality Markup Language の略であった)，ハードウエアに依存しないマルチプラットフォームに対応できるように開発が進められた．その結果，OpenInventor という SGI(Silicon Graphics 社)が開発した Inventor を基に作られた仕様を利用して 3D グラフィックスを表現することになった(1995 年，VRML1.0，1997 年：VRML2.0/VRML97)．この仕様は，http://vrml.wired.com/vrml.tech/ で見ることができる．

OpenInventor

URL：Uniform Resource Locator

　VRML では，OpenInventor で記述されたプログラムを HTML に取り込むだけでなく，プログラムの中で，別の URL とのハイパーリンクを張ることもできる．ただし，VRML をブラウズするためには，それ専用のブラウザが必要になる．いくつかの VRML のブラウザをインターネット上から入手可能である．

　この VRML は将来的にはマルチユーザ利用も検討されている．今までのインターネット上を渡り歩く場合，実際には，複数の人がその情報を見ていたとしても，他のユーザとの接触はなかった．ところが，マルチユーザ対応にすることで，その 3 次元空間を共有すること，および，他のユーザとのコンタクトも可能とするものである．もちろん今までもホームページのつくり方いかんでは間接的にこのようなことは可能であったかと思われるが，それをリアルタイムで行う機能を最初から取り入れてしまおうということである．こうなると SF 小説の仮想社会の実現であるが，これも決して遠い将来のことではなく，すぐ目の前にきている．2000 年の現時点では，XML に VRML97 の機能を取り入れた，次世代の

3Dグラフィックス言語 X3D が web3D コンソーシアムなどで検討されている．

　いずれにしてもインターネット上の動向はきわめて流動的であり，今後も大きく流れが変わっていく可能性がある．そのため，ここでは詳細はさけ概説を述べるにとどめておく．より詳しい内容は，実際にインターネットにアクセスして入手することも可能である．

　　参考 URL　http://www.vrml.org/vrml/spv.htm

6章 大容量記録媒体

マルチメディアの普及には，大容量記録媒体の出現に負うところが大きい．記録媒体は主として①磁気ディスク（テープ），②光ディスク，③光磁気ディスク，の3種類に分類できる．ここでは，他の章とも多少重複するがこれらの記録再生原理を中心に解説する．

6.1 磁気記録の原理

磁気記録

磁気記録における記録原理は大まかにいって，電磁誘導，磁化，電磁石による磁場の発生，によって行われている．

電磁誘導とは，コイルに磁石を近づけたり離したりするとコイルに電流が流れるというものである．この原理を利用して，たとえば，磁気テープ上に小さな磁石を並べ，その上をコイルが動けば，電磁誘導の原理にしたがってコイルに電流が流れる．この電流を信号として計算機にインプットすれば情報を取り出すことが可能である．ここでは，テープを例にとったが，ディスクでも原理は同じである．

逆に，計算機上の情報を電気信号に変え，これを増幅して今度はコイルに流すとコイルは電磁石の原理により磁場が発生し，磁気ディスク上の小磁石を信号にしたがって磁化できる．これが，磁気記録，再生の原理である（図6.1）．実際には，このコイルの代わりにいわゆる磁気ヘッドというものが使われる．磁気ヘッ

磁気ヘッド

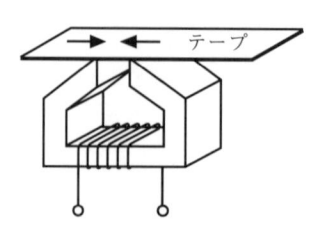

図 6.1 磁気ヘッドの模型図

強磁性体

フェリ磁性体

ドはコイルを強磁性体(もしくはフェリ磁性体)のコアに巻きつけ，その一方に空隙をつけたものである．そうすることによって，その空隙の両側に磁極ができて，空隙のところに磁束がはみだし強い磁場が生じる．

また最近では，ハードディスク等の小型大容量化のために，小さくて性能のよい磁気ヘッドの開発も行われている．その1つにMRヘッドがある．MRとは磁気抵抗効果(magneto-resistance effect)の頭文字からつけられたもので，外部磁場の変化によって，磁性体の電気抵抗値が変化することを利用している．この効果が顕著に現れるNiFeやCoFe合金などの薄膜を再生ヘッドに用いて，その電気抵抗値の変化から再生信号を取り出している．このヘッドは，小型であるにもかかわらず感度のよい再生出力が得られることから注目を集めている．ただし，MR効果は再生にのみ利用できるので，記録は従来のコイルを巻いたヘッドと同じ原理で行う必要がある．

6.2 強磁性体とヒステリシス

磁気記録媒体あるいは磁気ヘッドと呼ばれる物質は，磁気的に特徴をもった物質で，どのような物質でもよいというわけにはいかない．これらは，強磁性体やフェリ磁性体と呼ばれるもので，簡単にいえば磁石になるものである．イメージとしてはその物質を構成する原子の磁性(スピン)の向きがすべて同じ方向をもっ

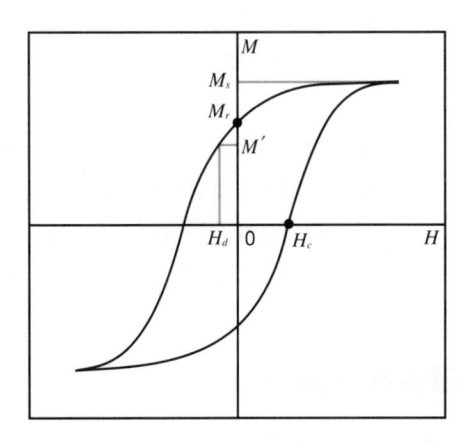

強磁性体やフェリ磁性体ではヒステリシスが観測される．このことが，磁気記録を可能としている．

図 6.2 磁気ヒステリシス曲線

ヒステリシス

ているために全体として磁気モーメントをもつもの(自発磁化がある)である．実際には磁区という概念も必要であるが，図6.2のような**ヒステリシス**(履歴)曲線を描く．横軸は外からかけた磁場で，縦軸はその物質の磁化の度合を示している．磁性物質の場合，外部磁場を大きくしていくとそれにしたがって，磁化の度合も強くなるが，ある程度外部磁場が大きくなるとそれ以上磁化が増えなくなる．そこで，外部磁場を再び減らしていくと，今度は，先ほどの逆をたどらずに別の経路を通って磁化が減ってくる．完全に外部磁場を0にしても物質の磁化が0とはならずに残ってしまう．このことが磁石をつくる．すなわち外部から磁場

自発磁化

を与えなくても磁化をもつ(**自発磁化**)ことが，その物質が磁石となったことを示しているわけである．さて，さらに逆向きの外部磁場をかけるとちょうど原点を対称にしたようなループができる．これをヒステリシスループあるいは，履歴曲

飽和磁化
残留磁化

線と呼んでいる．外部磁場を大きくしていき最大の磁化になるが，これを飽和磁化 M_s という．また外部磁場を0にしたときの磁化の値を残留磁化 M_r と呼ぶ．

保磁力

一方，磁化が0になるような外部磁場の大きさは抗磁力とか保磁力 H_c と呼ばれている．このヒステリシスループのおかげでわれわれは，磁性体に記録を残すことができるわけである．たとえば，外部磁場を0にもどしたときに物質の磁化も0になってしまったら，記録は残らない．記録として残る情報はこの磁化の向きである．デジタル信号であれば，磁化がある方向のときは1，逆向きであれば0というようにする．記録として残る磁化の大きさは，厳密には，図の M' の点に相当している．なぜ M_r でないかというと，物質内部に磁場が発生するとそれを打ち消そうとする反磁場 H_d (demagnetizing field)が生じるために，外場を取り去ってもその分負側にずれるからである．図における記号の意味は以下のとおりである．

M_r：残留磁化(residual magnetization)
H_c：抗磁力または保磁力(coercive force)
M_s：自発磁化(飽和磁化)(spontaneous magnetization)

一般に，残留磁化と自発磁化は必ずしも一致しない．

6.3　磁気ヘッド

磁気ヘッド

磁場を与えて磁性体を磁化させるわけであるが，このとき，磁場の大きさは空間上の場所によって異なる．磁石から離れれば，それだけ磁場は弱くなる．この磁場の強さを示すためによく磁束(磁力線)が使われるが，この磁束の密度の大きいところの方が，磁力が強いということになる．磁束密度 B と磁場 H との関係は

6.4 最短記録波長

$$B = \mu H$$

で与えられる．μ を透磁率と呼んでいる．この透磁率は磁化曲線の傾きに対応している．すなわち同じ磁場中でも透磁率の高いものの方がより多くの磁束を通す．

磁気ヘッドのコアとして高透磁率のものを使うと空隙からはみ出る磁束の数が増えるので，磁化する場合には都合がよい．このように高い透磁率をもつ材料を**高透磁率材料**とか，**ハイミュー材料**と呼ぶこともある．また，透磁率が高く，保磁力が小さいものを**軟磁性体**と呼んでいて，磁気ヘッドのコアなどに利用されている．これに対し，**硬磁性体**と呼ばれているものは，保磁力が大きく，透磁率が小さい場合である．記録媒体材料にはこの硬磁性体が適している．というのは，保磁力が小さいと周りの磁化の影響や，外部からの磁場の影響で，その場所の磁化が逆転してしまうことがありうるからで，この場合は情報が失われてしまう．

| 透磁率 大 | 保磁力 小 | ハイミュー材(軟) | 磁気ヘッド |
| 透磁率 小 | 保磁力 大 | 硬磁性体 | 記録媒体材料 |

6.4 最短記録波長

磁気記録の場合，情報がどのようにして記録されるのかを簡単に見ていこう．ここでは，とりあえず音の場合を例にとる．前にも述べたように音の要素を分解すると，それは音の高さと強さである．これは実際には空気振動の周波数と振幅に相当する．これを電気信号に変換しても，このことに変わりなく，やはり信号の周波数とその振幅である*．

音色は波の形に依存するが，これはさまざまな周波数の波の混ざり具合で決定される．そのようなわけで，電気信号としては強さと，周波数の2要素からなっ

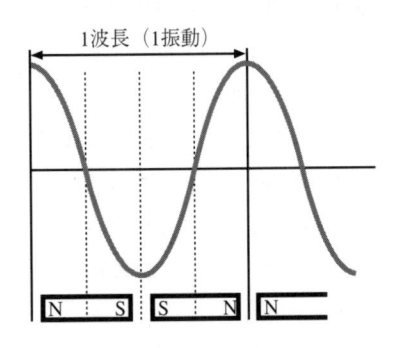

図 6.3 信号と磁気記録

ていると考えればよい．人間の耳では，だいたい 2 万ヘルツ（1 秒間に 20000 回の振動；$2×10^4$ Hz）くらいまでしか聞こえないが，テープの録音もだいたいこの程度までの周波数であるとすると，たとえばテープの速度を 10cm/sec とすると，2 万 Hz の音を出すためにはテープに NS 極がどのくらいの間隔で現れればよいかを考えよう．図 6.3 を見るとわかるように 1 振動数あたり 2 回 N と S が現れるので，1 秒間に 10cm 進むのであれば，1cm ごとに NS が現れれば 5Hz の音が出せる．つまり，2 万 Hz を出すためには，その 1/4000 なので，$2.5\mu m$*である．実際のカセットテープレコーダーでは，テープ速度は 4.75cm/sec なので，$1.19\mu m$ くらいの間隔で NS が現れればよいことになる．この間隔のことを**最小記録単位**と呼び，この 2 倍の値*を**最短記録波長**と呼ぶ．

> *$2.5\mu m=2.5×10^{-6}$ m
>
> 最小記録単位
>
> *この場合 $2.37\mu m$
>
> 最短記録波長

現在の技術水準では，この最短記録波長は約 $1\mu m$（最小記録単位では $0.5\mu m$）くらいであり，半導体の加工技術ではすでにミクロン以下（サブミクロン）のオーダーに達しているので，今後もさらに小さくなるであろう．この最短記録波長を短くすることで，情報の記録容量を大きくすることができる．

6.5 記録媒体材料（磁性体）

> 記録媒体材料（磁性体）

磁気ヘッドのギャップを小さくして最短記録波長を仮にもっと小さくできたとしても，今度は，記録媒体である磁性体の方の性能が追い付かなければ話にならない．磁性体を記録媒体として用いる場合，その性能を十分に活用するためには色々な制限がある．最も理想的なのは記録媒体の小磁石に相当する磁性微粒子が単一磁区構造をもっていること*と，強い磁気異方性をもっていることである．この磁気異方性とは，簡単にいうと加える磁場の方向によって磁性体の磁化のされやすさに違いがあるのだが，この違いの大きい物質は異方性が強いといわれる．磁場の方向による磁化の違いがない場合は等方的であるといわれる．たとえば，棒磁石では長い方向に N と S 極があるのが普通で，これを短い方向にそって磁化するのは非常に難しい．これは形状による異方性が強いためである．磁気記録ではこの磁化する方向が決まっているほうが磁気特性が向上するので，このような異方性の強いものが選ばれるのである．異方性が小さいとディスクの回転方向とは違った方向にも磁化されやすくなる．結局，磁気記録には単一磁区構造をもち，異方性をつくるためにその微粒子の形が細長い針状（または葉巻型）のものが適している．

> 単一磁区構造
>
> *たった 1 つの磁区からのみできている
>
> 磁気異方性

磁気記録では，残留磁化が大きい方が当然出力信号の強度も大きくなるので有利である．飽和磁化が決まっているとすると（残留磁化 M_r）/（飽和磁化 M_s）の比

が大きい方が記録媒体としては性能がよい．この比を角形比といっている．理想的には角形比が1であればよいのだが，普通は0.8前後である．一方，ヒステリシス曲線における保磁力も磁気記録の性能を示す目安となる．この保磁力は磁化とは逆向きの磁場に対する磁性体の抵抗力のようなものである．ただし，この値が大きすぎると，磁化するのに必要な磁場の強さも大きくしなければならないので，大きければ大きいほどよいというわけではない．現在，よく使われている磁性体(媒体材料)には，以下のものがある．

① γ-Fe_2O_3(γ-ヘマタイト)：オーディオtypeI(ノーマルポジション)，フロッピーディスクなど
② Co-γ-Fe_2O_3：オーディオtypeIII(ハイポジション)，家庭用VTRテープ，フロッピーディスク
③ メタル：オーディオtypeIV(メタルポジション)，リムーバブルディスク，8mmビデオなど
④ 蒸着：リムーバブルディスク，Hi8ビデオなど
⑤ バリウムフェライト：垂直磁気記録用
⑥ 鉄ガーネット：光磁気ディスクなど

6.6　自己減磁

　図6.4のように同じ極同士が隣り合せになるように磁石を1列に並べた場合，反発力が生じて互いに違う向きになろうとすることはよく知られている．磁気記録において，もし隣りの磁石の発生する磁場が隣りの磁石の保磁力よりも大きかったら，この隣りの磁石の磁化は反転してしまう．普通，記録媒体では磁化の方向に配向してあるが，向きが色々であると保磁力の値にも分布ができて，保磁力の小さいところでは磁化が反転してしまうこともある．このように媒体内部の磁気的相互作用で記録がなくなる，もしくは記録信号が弱まることを**自己減磁**と呼んでいる．波長の短い(高周波または高密度記録の)ものほど，この自己減磁は起こりやすい．これを防ぐためには大きな保磁力が必要である．また，この自己減

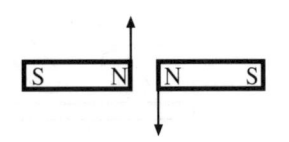

同じ向きの磁極は互いに避けあう
図6.4　自己減磁

*ベースフィルムの厚さではない

磁はテープに塗られた磁性体の厚みが厚いほど起こりやすい*．というのは，記録波長に比べて厚みが薄いときは異方性が強いが，波長と厚みが同じくらいになると異方性が弱くなる．その結果テープ面に対して垂直方向にも磁化されやすくなるので，この自己減磁も起こりやすくなる．

厚み損失

　　磁性体の厚みは，このほかに**厚み損失**というものにも影響してくる．普通テープでは微粒子が何層か重なって塗られている．いま，保磁力の方は十分にあって自己減磁の効果は無視できるものとしよう．記録波長よりも厚みが十分薄いと，外に漏れ出す磁束は十分あるのだが，逆に波長よりも厚みが厚いと外に漏れ出す磁束の量が減る．結局，再生信号が弱まってしまう．これを厚み損失と呼んでいる．

　　以上のことから，特に高周波信号を記録するためには，大きな保磁力と磁性体の厚みの薄さが必要である．

6.7　光ディスクの基本原理

ピット

*トラック幅

*アルミニウム反射膜

　　図6.5に光ディスク上の記録信号の模式図を示しておく．小判型のものが**ピット**と呼ばれるもので，これが記録された信号である．

　　LDと呼ばれる光ディスクの場合，ピットの幅は$0.4\mu m$でピット間隔*は$1.67\mu m$，ピットの高さは$0.11\mu m$と決まっている．信号を読み取るために半導体レーザから放射されたレーザ光はレンズを通って，この反射膜*上に集光させられる．集光したレーザ光の反射膜上でのスポット直径は約$1.3\mu m$である．反射膜上にピットがない場合は，レーザ光は完全に反射して再びレンズにもどるが，ピットがあると幅$0.4\mu m$のピットの幅にたいしてレーザスポットは直径が$1.3\mu m$と大きいため，一部のレーザ光は回折して別の方向に反射してしまう（図6.6参照）．

　　その結果，もどってくるレーザ光の強度が弱くなる．この反射光の強度をフォトダイオードで検出することにより，信号を読み取ることができる．光ディスク

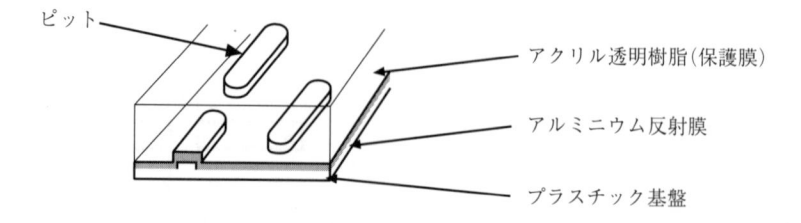

図6.5　光ディスクの断面の模式図

6.7 光ディスクの基本原理

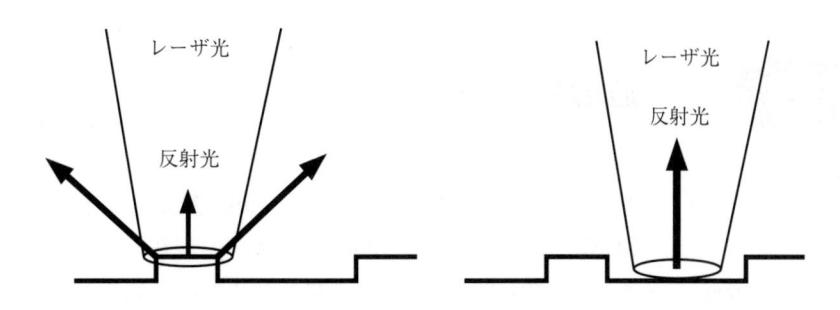

図 6.6　レーザ光の回折

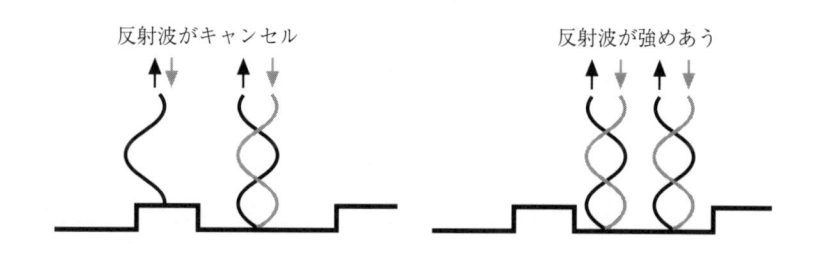

図 6.7　レーザ光の干渉

光の回折

光の干渉

＊ 1/2 波長だけズレている場合

　の読み取り原理は，これだけ（**光の回折**）でなく，さらに**光の干渉**ということも利用している．光の干渉とは簡単にいえば，図 6.7 に示したように位相のずれによる波の合成原理によって理解することができる．たとえば，同じ波長の光が同じ位相で合成すると，互いに強めあって明るくなる．一方，逆位相＊の光を合成すると互いにキャンセルしあって暗くなるというものである．

　ピットのない場合は，反射膜ですべての波が同位相で反射されるので互いに強め合い明るい光がもどってくるが，ピットがあるとピット上で反射した光とピット以外で反射した光がちょうど逆位相になるように（ピットの高さ (1/4 波長) がきめられている）なっているので，反射されてもどってきた光は互いに打ち消し合い，暗い光となる．

　このような理由からレーザ光のスポットはピットの大きさよりも大きい必要がある[*1]．ピットの幅 $0.4 \mu m$ に対してスポット直径が $1.3 \mu m$ と大きいのはこのためである[*2]．もう1つ大事なことは，ピットの高さで，$0.11 \mu m$ というのは，ほぼ半導体レーザの 1/4 波長になっている[*3]．

[*1] なぜならば，ピット以外からの反射光がないと干渉が起こらない．

[*2] このくらいのときが最も打ち消し効果が大きい．

[*3] 実際には，基盤の屈折率などにも関係するので，正確に 1/4 波長というわけではない．

6.8 追記型光ディスク

VTRと比べると光ディスクの欠点の1つに，一度記録を書き込むと再度記録を更新したり書き換えたりすることが困難であるということがいえる(再生型；ROM：Read Only Memory)．しかし，現在ではこれらの困難も克服されている．ここでは簡単にそのことにも触れておこう．いわゆる追記型*というのは，一度記録したもののあとに情報を追加して記録できるというものである．その原理にはいくつかの方法がある．

ROM

*追記型：DRAW，Direct Read After Write またはWO, Write Once

6.8.1 形状変化を伴うもの

これにもさらにいくつかの分類がある．大きく分けると金属系と色素系である．金属系はレーザの熱によって金属反射薄膜を焼ききって穴を開けるものである．初期のころは金属としてアルミニウムや金，銀が使われていたが，熱伝導率が高いため記録用のレーザの出力の大きいものが必要であった．その後は，熱伝導率の小さいテルルとかビスマス，インジウムなどの合金が使われている．

一方，色素系光ディスクと呼ばれるものは，レーザ光の熱で色素が溶融，分解などをして穴を形成するというものである(シアニン色素)．これらはもうすでに実用化されているが，いくつかの問題点もある．色素系では再生のためのレーザ光(熱)により信号の劣化が生じやすい，また，反射率が小さいため再生信号が弱いという点もある．

シアニン色素

6.8.2 形状変化を伴わないもの(相変化型)

これは追記型と書換可能型(ERASABLE)の2種類ある．追記型として，注目を集めているのが，相変化を利用したものである．これは図6.8に示したように3層の非晶質膜の記録層がありこれにレーザ光が照射されるとそれらが溶けて合金化する．これにより反射率が大きく変化するというものである．また，あとで述べるRW系のディスクは，同様にアモルファス相変化型でレーザ光の強度を調節することで書換型を可能としている．具体的には，金属薄膜にレーザ光をあて，600℃まで温度を上げたあと，急冷するとアモルファス化するのであるが，このアモルファス層に再び弱いレーザ光をあて，温度を400℃までにおさえると再結晶化する．このことを利用して，何度も書換えが可能となっている．もう1つ書換型として研究されているのが，光によって可逆的(分子)構造変化をする**フォトミック材料**を利用したものである．簡単にいえば，光をあてるとその色が変

書換可能型
(ERASABLE)

アモルファス相変化型

フォトミック材料

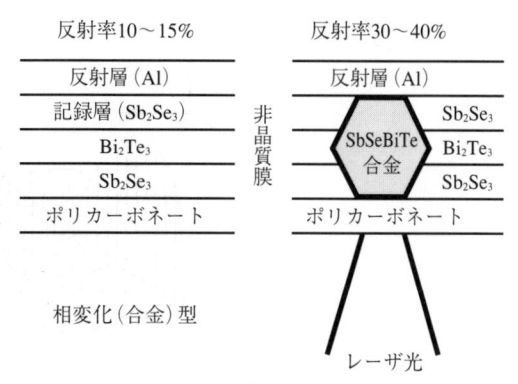

```
反射率10～15%              反射率30～40%
反射層(Al)                 反射層(Al)
記録層(Sb₂Se₃)              Sb₂Se₃
Bi₂Te₃         非晶     SbSeBiTe   Bi₂Te₃
                質膜     合金
Sb₂Se₃                     Sb₂Se₃
ポリカーボネート            ポリカーボネート

相変化(合金)型
                            レーザ光
```

図 6.8 追記型光ディスクアモルファス相変化

化し，別の波長の光を再度あてると，またもとの色にもどるといったものである．再生レーザは色の違いによる反射光の強度で信号を読み取る．この場合の応用として光によって可逆的でない，すなわち非可逆的な構造変化をするものに対しても追記型として利用できる．ただし，フォトミック材料による場合の欠点としては，再生信号の感度が非常に小さいこと(反射率が低い)，繰り返しによる材料の劣化，再生光による記録信号の劣化などがある．書換型として似たような光ディスクの一種である光磁気ディスクについては次に述べる．

6.9　光磁気ディスク

6.9.1　光について

　ここで光磁気記録の原理に入る前に少し光の性質について触れておくことにする．もうすでに知っていると思うが，光は電磁波である(波動説)．ところが，一方ではフォトン(光量子)からなる(粒子説)という見方もある．これは光の二重性といって古くから議論されてきたことである．20世紀になって量子力学が確立され，現在ではこの両方の性質をもつものであると解釈されている．これは光に限ったものではなく，物質自身にも波動と粒子の両面をもつというのが現代物理学の解釈である．ところで，光磁気記録では光の波としての性質に注目している．そのような観点からとらえると光は**電磁波**の一種であることが，マックスウェルによって示されている．

電磁波

　では，この電磁波とは何か？　前にも述べたように電流が流れると磁場ができるが，その電流が交流である場合，その電磁誘導で生じた磁場もそれに応じて振動することになる．磁場の変化はさらに電磁誘導を引き起こし，その磁場を減ら

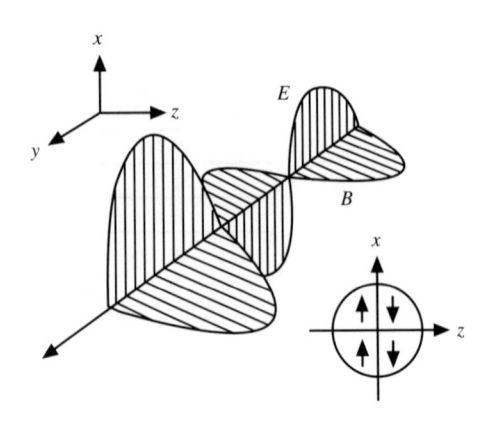

図 6.9　電磁波としての光

すような電場をつくる．この電場も磁場の変化とともに振動するので，振動電場と振動磁場が生じる．これが空間を伝わっていくと電磁波になる．送電線の周りや鉄道の線路付近でラジオに雑音が入るのはこのためである．光の電場と磁場の振動面は互いに直行していて図 6.9 のようになっている．この図の場合，電場の振動面は xy-平面内にあり，磁場の振動面は yz-平面内にある．そして両者は同位相で進んでいく．図からわかるように電磁波は横波である*．

*ちなみに音波は縦波

6.9.2　偏　光

直線偏光

*太陽光や蛍光灯など

自然光

偏らない光

偏光

　図 6.9 は光を波として捉えたときのものであるといったが，もっと正確にいえば，光が**直線偏光**のときのものである．というのは光の進行方向から見た場合，電場の振動が x 軸に沿って変化しているからである．ところが，一般の光*は種々の方向に振動面をもった光が混ざり合っていて，全体としての方向分布は一様になっている．これを自然光とか偏らない光と呼んでいる．この自然光を偏光板を通すことによって偏光した光（つまり偏光）を得ることができる．ところがこの偏光は違った角度の偏光板を通過することができない．よくメガネで偏光メガネ（サングラスに多い）というのがあるが，反射光は特定の方向の偏光が多いので，これらをカットする役目がある．自然界でよく知られている偏光板として方解石がある．光が電場と磁場の 2 つの振動面をもっていることはすでに述べたが，われわれが光として感じるのは，電場の部分なので，この電場の振動面を偏光面と呼んでいる．

6.9.3　円　偏　光

　ここで，2 つの違った偏光面をもつ光が重なった場合を考える．図 6.10 では

6.9 光磁気ディスク

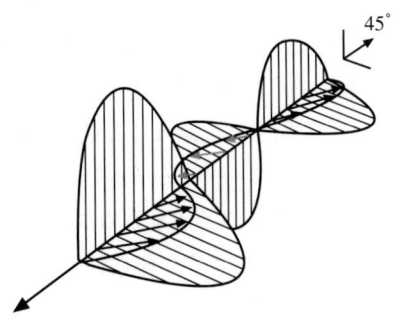

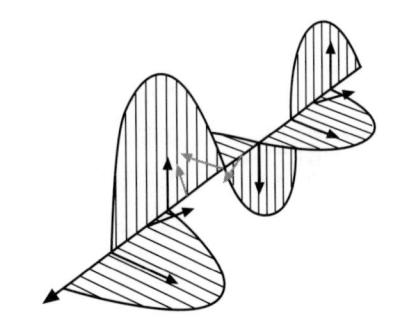

(a) 直線偏光（45°傾いている）　　(b) 円偏光（偏光面がらせん状に回転している）

図 6.10 光の偏光面

図 6.10 では電場の振動面だけを記す

電場の振動面だけを記す．たとえば，2つの光が同じ波長と振幅をもっていて，同方向に進み，たがいにその偏光面が直行しているとする．2つの光は互いに干渉し合い，山と山，谷と谷の部分が強くなり全体としては45°傾いたところに大きな振幅をもつ波が合成される．ピークから半波長ずれたところでは振幅が0となり，結局，45°傾いた振動面を持つ光が生じる．ただし，この場合も振動面（偏光面）は光の進行方向に対して直線的であるので，これも直線偏光である（図6.10(a)）．次に位相が1/4波長ずれている場合を考えよう．図6.10(b)からわかるように合成波の振動面はらせんを描くことになる．これを光の進行方向から眺めると円を描くように振動面が変化しているので，これを**円偏光**と呼んでいる．図のような場合，それが時計回りに回転しているので，右回り円偏光と呼んでいる．位相のずれが逆の場合は，逆に回転するので，左回り円偏光となる．また，2つの光の位相差が1/4波長でなく，互いの波長も違っていれば，円でなく楕円状に回転するので，この場合は楕円偏光と呼んでいる．ちなみに，反対向きの円偏光を合成するとまた直線偏光になる．このことから，逆に直線偏光とは左回りと右回りの2つの円偏光が合成されたものとみなすこともできる．

円偏光

なぜ，光磁気記録のところで偏光について述べたかというと，光磁気記録の原理である光磁気効果というものがこの光の偏光と非常に密接な関係をもっているからである．次の節ではこの光磁気効果について説明する．

強磁性体
フェリ磁性体
キュリー温度
ネール温度

6.9.4 光磁気ディスク

（1）書き込み原理

強磁性体（またはフェリ磁性体）を熱していくと，キュリー温度（ネール温度）を越えると磁性が失われるが，物質を熱するとその熱運動のためにスピンの向きが

さまざまな方向を向こうとする傾向がある．そこで，磁性体に熱を与えて磁化させると，熱を与えないで磁化した場合に比べて弱い磁場でも磁化させることができる．磁化したあとに熱を取り去れば保磁力はもとのようにまた強くなるので，安定した磁気記録をつくれる*．光磁気記録はこの性質を利用している．レーザ光を絞り込んで磁性体にあてると，レーザ光のあたっている部分だけが熱せられ，磁化しやすくなる．レーザ光を小さく絞り込めば，それだけ高密度に記録することができるわけである．図 6.11 のように磁性体の下にコイルをおいて磁場をつくり，レーザ光を上から照射するとレーザ光のあたっている部分が熱せられコイル磁場により磁化される．コイルの電極の極性を信号に合わせて変えれば，その信号と同じように磁化を反転することができ，情報を記録することができる．これは**磁場変調方式**と呼ばれる．もう1つは，外部磁場を逆向きにかけておき，信号の箇所だけレーザ光をあてるとその部分だけが熱せられて磁化を反転する**光強度変調方式**がある．光強度変調方式の場合は，書換のためには情報をいったん消去するために外部磁場と逆向きにディスクを磁化しておかなければならず，二度の動作が必要となってくる．

*地球の岩石が磁極の方向を記録しているのも同じ原理である．

磁場変調方式

光強度変調式

(a) 磁場変調方式　　(b) 光強度変調方式

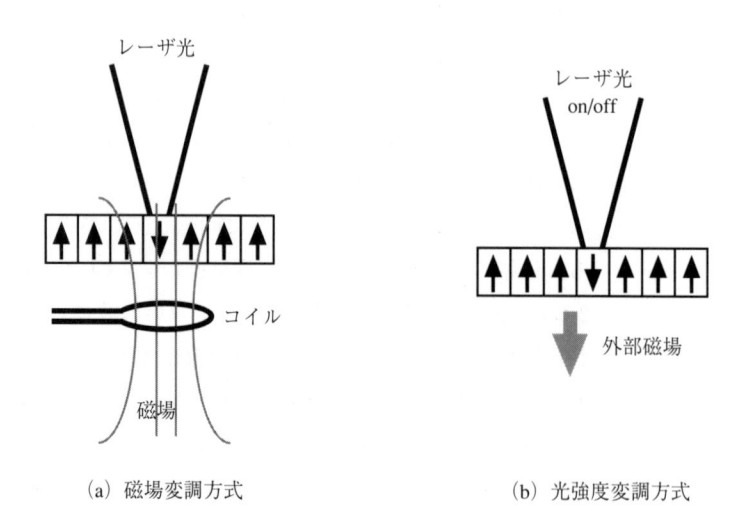

図 6.11　光磁気ディスクの書き込み原理

(2) 読み出し原理

記録された信号を読み出すために，光磁気記録では普通の磁気記録とは違って，レーザ光が使われている．そういう意味では書き込みは磁気ディスクに近く，読み出しは光ディスクに近いともいえる．ではどのような原理で読み出されているかというと，磁化された物質に直線偏光をあてるとその反射光の偏光面は

6.9 光磁気ディスク

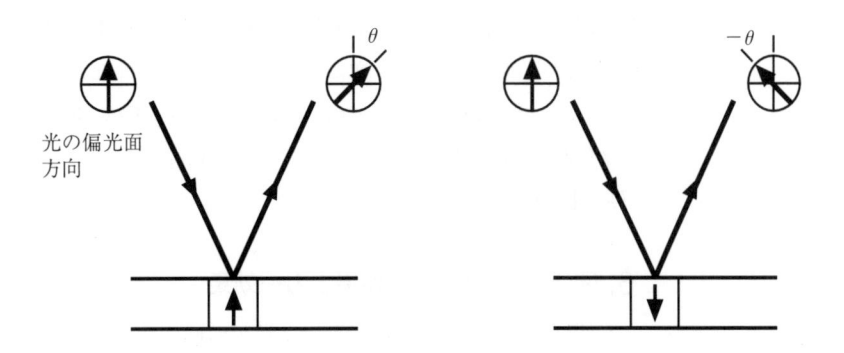

偏光が磁化された物質に反射すると光の偏光面が回転する．
物質の磁化が逆だと偏光面の回転も逆になる．

図 6.12 磁気カー効果

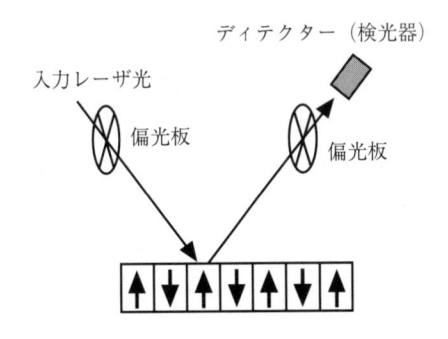

図 6.13 光磁気ディスクの読み取り原理

磁気カー効果　　入射光の偏光面から少し回転して出てくる（**磁気カー効果**）．それが，磁化の向きにより偏光面の角度が違うので，それを検出することにより磁化の方向を知ることができる．たとえば，上向き磁化に対する反射光は θ だけ，偏光面が回転するとしたならば，下向き磁化に対しては，$-\theta$ だけ偏光面が回転する（図6.12）．そこで図6.13に示すように一般には反射光の通路に偏光板を置き，たとえば上向き磁化の方からの反射光は通すが，下向き方向の磁化からの反射光は通さないというようにすれば，情報を取り出すことができる．これが，光磁気記録の原理である．光磁気記録の媒体としては，希土類-遷移金属アモルファス合金が使われている．たとえば，GdFe, TbCo, TbFe, DyFe(Tb；テルビウム，Dy；デスプロシウム）などがある．これらの物質は室温で保磁力が非常に大きいという性質があるので安定に情報を記録しておくことができる．ただし，このままでは書き込みに非常に強い磁場が必要になるので，前にも述べたようにレーザ光の熱によって保磁力を減少させてから書き込む．光磁気材料の条件として保磁力のほ

希土類-遷移金属アモルファス合金

かにキュリー温度 T_c の大きさがある．これがあまり高温だと非常に大きなレーザ出力が必要になるし，逆に T_c が低すぎると外部の温度変化で記録が破壊されてしまう恐れがある．そのようなことから一般に T_c が 100〜200℃くらいのものが適当である（MD；ミニディスク：非晶質テルビウム，鉄，コバルト合金，$T_c=180$℃）．

6.9.5 ファラデー効果とカー効果

ファラデー効果

磁化された物質を直線偏光した光が通過すると，出てきた光の偏光面が入射光の偏光面から回転することを1845年にファラデーが発見した．そこで，このような現象を**ファラデー効果**と呼ぶ．実はファラデーはこのとき，磁性物質に光を通過させたのではなく鉛ガラスを用いていた．鉛ガラスそのものは光を入射させても，その出力光の偏光面にはなにも起こらないが，この鉛ガラスに磁場をかけると，この磁場の影響でランダムに配向していたスピンが向きをそろえ磁化される．その結果，光の偏光面がガラスを通り抜ける際に回転するわけである．ところが，フランスのアラゴーは1811年にすでに水晶を用いて，この偏光面の回転現象を発見していた*．水晶は磁性体でないにもかかわらず，偏光面が回転したわけだが，その原因は結晶の異方性にあることがあとでわかった．つまり水晶は立方晶のような等方的な物質ではなく，ある1つの結晶軸が特別な意味をもつ六方晶であったので方向による異方性をもっている．このように磁性によらない結晶の異方性に起因する偏光面の回転現象を「**旋光性**」とか「**光学活性**」と呼んでいる．また水晶のような物質は「**自然旋光性物質**」とか「**光学活性体**」と呼ばれている．光学活性は一見ファラデー効果と同じ効果のように見えるが，大きな違いが1つある．光学活性では，一度物質を通過した光が，再び反射して物質を通り，もとにもどると偏光面の回転は行きと帰りで相殺して入射光の偏光面と同じになる．ところが，ファラデー効果の場合は，磁化の方向に対して回転するので，行きは光の進行方向に対してたとえば，右に 5°回転すると，帰りは磁化の向きが逆なので光の進行方向に対して左に 5°回転することになる．これは入射光から見ると右に 10°回転したことになる．これはファラデー効果の「**非相反性**」と呼ばれている．

*この場合，外部からは磁場をかけていない．

旋光性
光学活性
自然旋光性物質

非相反性

ところで，光磁気ディスクの場合，記録面は金属であるのが普通なので，入射光は通過するのではなく反射される場合が多い*．この場合も入射光と反射光で偏光面は回転する．これが「**磁気カー効果**」と呼ばれるものである．磁気カー効果は1888年にカーによって発見されたが，光の入射方向と磁化の向きによって3つのパターンに分類される．これらの中で，磁化が物質に垂直に配向している

*もっともこの場合の金属は非常に薄いので，一部の光は通過する

磁気カー効果

*ポーラー(極性)カー効果

垂直磁化

場合*が最も回転角が大きい．そのようなことから垂直磁化が光磁気記録媒体として適している．さらにこのことは，記録を高密度にできるという点でも他の面内磁化よりも優れている．

光磁気効果の原理

6.9.6 光磁気効果の原理

なぜ，異方性のある物質を光が通過すると偏光面が回転するのかを簡単に説明しておく．偏光のところでも述べたように，左円偏光と右円偏光が重ね合わされると直線偏光になることは述べたが，物質の中に入った直線偏光はこれとは逆に左円偏光と右円偏光に分かれて進むと考えられている．ところが物質に異方性があると，この両者の円偏光は異なった伝播速度で結晶の中を進むので，物質を通りぬけたとき，右回りの電場ベクトルの回転角と左回りの回転角とが同じではなくなり，合成された光は偏光面が傾くことになる．よって，この回転角は光の通過する物質の長さに比例する．電流が流れると，そのまわりに磁場が生じ，また，その逆に磁場がかかると電荷が回転することを前に述べたが，このとき磁場の向きが違えば電荷の回転方向も変わる．このことから磁化された物質中を光が通過するときは，その磁場による回転と同じ方向に偏光している光の方が電場ベクトルが早く回転し，逆方向の偏光は遅く回転する．

このことはまた，ファラデー効果の非相反性をも説明している．つまり光の進行方向と磁化の方向が違うと逆に偏光面が回転することになるからである．ところが，旋光性の場合は結晶の異方性に起因していたが，普通，結晶の異方性はその異方軸に関しては正負の方向性がない．たとえば，水晶における六方晶の場合を考えてみよう．六方晶はちょうど球を箱につめていったときに自然にできる原子の配置をしている．原子球をできるだけすき間なく詰めていくと図6.14のようになる．この上にまた球を置いていく場合は，その下の3つの球のちょうど真中にくる場合が最も安定である．その上の層も同じ原理で積み上げていくことができる．そうした配置をしているものを六方最密構造(hcp)と呼んでいる．この

六方最密構造

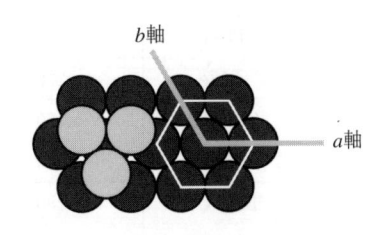

図 6.14 六方最密構造

構造は図 6.14 において a 軸，b 軸と紙面に垂直な c 軸で空間が張られている*。
　ところが原点に立って a 軸方向を眺めたとしても，b 軸方向を眺めたとしても両者に違いがない．すなわち，どちらを向いているかを決定することができないわけである．このような場合，それは等方的であるといわれる．立方晶では xyz 方向すべてに対して同じなので，等方性物質といわれる．ところが六方晶の場合，a 軸と b 軸は区別がつかなくても，それに垂直な c 軸方向は他の 2 つの方向とは明らかに違っている．たとえば，c 軸方向を眺めると隣りの原子との距離も，a，b 軸方向を眺めたときとは違うし，また原子の配列の様子も違って見える．そういう意味で，六方晶は異方性物質*と呼ばれる．ところが，c 軸方向は確かに他の 2 つの方向とは違って見えるが，この c 軸の正負の方向の区別はつかない．それが，磁場による異方性とは大きく異なる点である．結晶異方性による旋光性は光の進行方向に対して，行きも帰りも異方性の方向が同じなので，光の進行方向による違いだけのために偏光面の回転が相殺されてしまうのである．
　磁気カー効果も原理はファラデー効果と同じであるが，磁場と光との相互作用する領域が透過の場合に比べて反射だと小さいので回転角も小さく，旋光性のような結晶異方性による場合はほとんど観測にかからない．そのようなわけで，磁気カー効果は強磁性体やフェリ磁性体のような磁化の強いものでしか観測されない．

*立方晶では x, y, z 軸で空間が張られている．

等方性物質

異方性物質
*または一軸性結晶

光磁気記録材料

6.9.7 光磁気記録材料

光磁気記録材料になりえるための条件は以下のようなものである．
- 記録感度が高い（キュリー温度 T_C が低い．あまり低すぎてもよくない）
- カー回転角が大きい
- 大面積の薄膜が，均質，安価に製作できること

表 6.1　いくつかの物質のカー回転角

物　質	キュリー温度	カー回転角	保磁力
TbFe	～130	0.30°	150～5500
GdFe	～220	0.35°	10～200
GdFeBi	～160	0.41°	
GdTbFe	～160	0.40°	800～3000
TbFeCo	～280	0.44°	
GdTbFeCo	～200	0.45°	
TbDyFe	～75	0.20°	

・媒体薄膜に垂直に磁化される(磁気異方性が強い)

光磁気媒体としては，これらの条件を満足するものとして希土類-遷移金属のアモルファス合金薄膜が用いられていることを述べたが，それらのキュリー温度とカー回転角をまとめると表6.1のようになる．値に幅があるのは，これらの組成の違いによる．

これらの材料の長所と短所は次のとおりである．

長所　・製作が簡単　　　　　　　短所　・カー回転角が小さい
　　　・記録感度が高い(T_cが低い)　　　・酸化しやすいため安定性に不安がある
　　　・高密度記録ができる
　　　・ノイズが低い

6.10　リムーバブルメディア

いままでのところで，3種類の記録媒体の原理を長々説明してきたが，ここで，それらを利用した実際の記録媒体について具体的に見ていこう．CD-ROMなどの大容量ディスクが出現し，ほとんどのPCにはフロッピーディスクとともに，標準でCD-ROMやDVD-ROMドライブが装着されるようになった．また，内蔵のハードディスクもGB*の単位になり，記録媒体はますます大容量化してきている．最近では，内蔵型でなくリムーバブル(取り外し可能)なディスクも数多くの種類が存在している．また，さらに小型のカード型メモリもいろいろな種類がある．これらのいくつかを表6.2に示しておく．それらの特徴は，書換可能でディスク1枚の容量が大きいこと，ディスクの交換によって理論上は無限の容量が利用できること，その一方で，小型化と低価格化が実現していることなどがあげられる．マルチメディア情報を扱う場合は，これらのリムーバブルなディスクやメモリカードを活用したほうがいろいろと便利なことが多い．

これらにはいくつかの種類があるが，いずれにしても大きく分けて，磁気ディスク，光ディスク，光磁気ディスク，半導体メモリの4つに分類される．これらのうちのいくつかを紹介しよう．

*ギガバイト：10^9B

フロッピーディスク

6.10.1　フロッピーディスク

決して大容量ではないが，携帯性，安価および標準的に装備されているということから広く用いられている．パソコンだけでなくワープロなどにも利用されていることから最も多くの人が利用している媒体といえる．よく知っているように

表 6.2 各種リムーバブルメディア

名称	容量	特徴
MO	230/640 M/1.3 GB	光磁気方式：ディスクが比較的安価/書き込み速度が遅い
リムーバブル HDD	105/270 MB	磁気記録：処理が高速/ディスククラッシュが起きた場合の被害大
PD	650 MB	光ディスク方式：CD-ROM との互換性がある/媒体材料の劣化が問題
Zip	100/250 MB	磁気記録：本体価格が安く手頃/ディスク容量がやや小さい
MD DATA	140 MB	光磁気方式：小型で携帯に便利/データアクセスがやや遅い
Jaz	1 GB/2 GB	磁気記録：小型で大容量/ディスクはまだ高い
Ez	135 MB	磁気記録：価格が安く手頃
スーパーディスク	120 MB	磁気記録：従来の FD との互換性あり
CD-R	650/700 MB	光ディスク方式（色素変化）：CD-ROM との互換性がある/やや高価, 追記のみ
SyJET	650 M/1.3 GB	磁気記録：高速, 安価
DVD-R	3.95 G（片面） 7.9 GB（両面）	光ディスク方式：一度だけ追記ができる DVD-ROM との互換性がある
DVD-RAM	2.6/4.7/9.4 GB	光ディスク方式：DVD-ROM との互換性はない
PC-RW	片面 3.0 GB	光ディスク方式：DVD-ROM と互換性がある. DVD+RW といわれることもある
フロッピーディスク	～1.6 MB	磁気記録：携帯性はよいが容量が小さい
フラッシュ ATA カード	～1.2 GB	半導体（フラッシュメモリ）PC カード
スマートメディア	～64 MB	半導体（フラッシュメモリ）デジタルカメラなど/小型
コンパクトフラッシュ	～256 MB	半導体（フラッシュメモリ）デジタルカメラなど/小型
SD メモリカード	～64 MB	半導体（フラッシュメモリ）MP3 プレーヤなど/切手サイズ
マイクロドライブ	～1 GB	磁気記録　500 円硬貨サイズで大容量

6.10 リムーバブルメディア

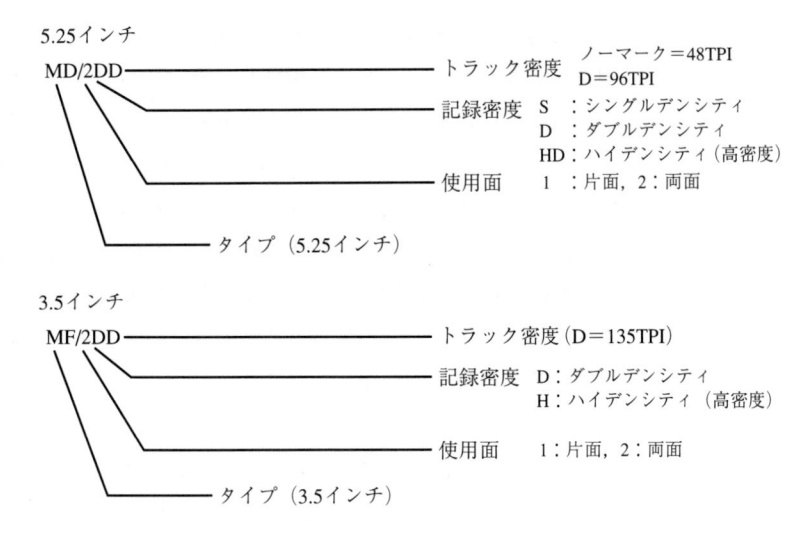

```
5.25インチ
  MD/2DD ─┬─────────── トラック密度    ノーマーク＝48TPI
          │                            D＝96TPI
          ├─────────── 記録密度  S：シングルデンシティ
          │                     D：ダブルデンシティ
          │                     HD：ハイデンシティ（高密度）
          ├─────────── 使用面   1：片面, 2：両面
          └─────────── タイプ（5.25インチ）

3.5インチ
  MF/2DD ─┬─────────── トラック密度（D＝135TPI）
          ├─────────── 記録密度  D：ダブルデンシティ
          │                     H：ハイデンシティ（高密度）
          ├─────────── 使用面   1：片面, 2：両面
          └─────────── タイプ（3.5インチ）
```

図 6.15　フロッピーディスクの種類

表 6.3　フロッピーディスクの規格

マーク	容量(MB)	記録密度(Kbpi)	トラック密度(tpi)	磁性材
DD	1	8.7	135	Co-γ Fe$_2$O$_3$
HD	1.6/2.0	14.2/17.4	135	Co-γ Fe$_2$O$_3$
ED	4	34.9	135	Ba-フェライト
XD	4	34.9	135	Co-γ Fe$_2$O$_3$
TD	12.5	36.5	406	α-Fe

表 6.4　フロッピーディスクのカタログデータ

	単位	8インチ	5.25 1SD	5.25 2DD	5.25 2HD	3.5 2DD	3.5 2HD
磁性材		γFe$_2$O$_3$	γFe$_2$O$_3$	γFe$_2$O$_3$	Co-γ Fe$_2$O$_3$	Co-γ Fe$_2$O$_3$	Co-γ Fe$_2$O$_3$
保磁力		300	300	300	675	665	720
磁性層厚	μm	2.5	2.5	2.5	1.4	1.5	0.8
記録面		2	1	2	2	2	2
トラック数	面当り	77	35	40/80	80	80	80
トラック密度	tpi	48	48	48/96	96	135	135
記録密度	bpi	6817	2.938	5922	9870	8718	17436
記録容量	MByte	1.6	0.1	0.5/1.0	1.6	1	1.6/2.0
転送速度	bits/sec	250 K	250 K	250 K	250 K	250/500 K	250/500 K
回転速度	rpm	360	300	300	360	300/360	300/360
トラック幅	μm	300	300	300/150	150	100	100

これも磁気記録媒体である．最初は汎用大型計算機用であったが1970年代後半頃から普及したパソコンに装備され，その後パソコンの普及とともに発展してきた．現在では，3.5インチのものが主流であり，8インチのものはほとんど姿を消している．図6.15に示したのは，各フロッピーディスクの名称の意味である．いまや5インチも時代遅れとなってしまったが，ここでは参考のために示しておいた．最近はMF/2HDが主流であろう．また，表6.3にはその規格を表にしておいた．この中で，EDというのは垂直磁化方式のものである．一方，表6.4は各メーカーから出ているフロッピーのカタログデータである．ここで，フロッピーディスクの特徴を整理しておこう．

長所
① 何回も記録消去できる．磁気記録媒体の場合は当然であるが，永久にできるというわけではなく，JISでは低温，高温(それぞれ10℃，51.5℃)で10万回以上，常温(23℃)で300万回以上と規定されている．
② 情報がコンパクトに保存でき，可搬性もよい．2HD(1.6Mバイト)だと約140万文字，A4 250ページ分くらいのデータを記録できる．
③ ランダムアクセスに向いている(検索が比較的速い)．

短所
① 記録が見えない．当然のことであるが，媒体を見ただけでは中味を知ることはできない．ただし，専門家用に表面の磁化パターンを見るためにシグマーカーや，ビジマグというものも市販されている．
② 高温，多湿，磁気に弱い．高温に(51℃)になると軟化したり，低温になると硬化したり変形していまうことがある．
③ 機種によりフォーマットが違うために異機種間のデータのやりとりができない場合がある．

フロッピーディスクはパソコンなどの外部記録装置としての使われ方以外にも，電子書籍などでも使われている．6.10.5項で述べる，MD-DATAと呼ばれるディスクが出現して，ポスト・フロッピーとしてこのMD-DATAを普及させようという動きもあるが，FDはすでに広く普及しており，安価で手頃であることから，そう急になくなることはなさそうである．

6.10.2　リムーバブルHDD

SyQuest Technology社の規格のもので，その名前のとおりハードディスクの媒体を取り外しできるようにしたものである．大きさは，3.5インチサイズが主流で数GBの容量をもつ．ハードディスクと同じ機構で，浮上型磁気ヘッドによ

る無接触でデータを読み書きする．書き込み，読み出し速度がハードディスク並みに速いことが特徴であるが，ちり，ほこり，タバコの煙などはあまりよくない．またディスクがクラッシュした場合は，ドライブ，データの両方がこわされることもある．長期保存というよりもハードディスクの補助として利用するのに向いているかもしれない．

6.10.3 PD

PD

相変化を利用した書換型 CD として PD がある．この PD は CD-ROM などの光ディスクと原理は同じであるので，CD-ROM との互換性がある．大きさも 12cm 径で容量も 650MB である．PD の場合はプラスチック性のカートリッジに入っている点が CD とは違っている．また書き込み時や読み出し時にディスクを高温，冷却とをくり返すことになるので，耐久性が他の媒体と比べると多少劣るかもしれない．そういう意味では，バックアップ用に適しているといえるであろう．DVD-RW や DVD-RAM も同じ相変化方式の光ディスクである．

DVD-RAM

6.10.4 Zip, Jaz

Zip, Jaz

基本的には，大容量フロッピーディスクだと考えられる．もちろん媒体は，フロッピーディスクのように薄くはなく，適度な厚みと重さをもっている．ただし大きさは 3.5 インチである．手ごろな価格と大きさのため，アメリカではよく普及しているようである．磁気ヘッドに関しては接触型ではなく，浮上型ヘッドなのでその点ではハードディスクと同じ原理でもある．Zip の方は 100MB または 250MB で Jaz の方は，1GB または 2GB と大容量である．従来のフロッピーディスクは塗布型の酸化鉄による磁性層が用いられていたが，Zip ではメタルテープと同じメタル磁性体を塗布することで磁性層の厚みを薄くしている（〜1.5μm）．このことにより高密度記録を可能にしているわけである．Zip の方は，低価格であるが，いまとなっては，100MB はやや少ない感じがする．一方，Jaz の方は，容量に関しては申し分ないのであるが，価格がまだ手ごろではないといった問題もある．

6.10.5 MD-DATA

MD-DATA

音楽用 CD に対してコンピュータデータ用の CD-ROM があるように，音楽用 MD（ミニディスク）のコンピュータ用記録媒体として開発されたのが，MD-DATA である．MD は基本的には光磁気ディスクであるので，書換が自由にできる．同じ光磁気ディスクの MO が 3.5 インチであるのに対し，MD は 2.5 イ

ンチなので，大きさはかなり小さく携帯性は抜群である．しかもドライブが電池で駆動できるので，ノート型パソコンとの組み合わせで威力を発揮するものと考えられる．ただし，小さい分容量も130MBと決して大きくない．また，データの読み書きの時間があまり早くないといった問題点もある．

6.10.6 スーパーディスク

スーパーディスク

3.5インチで120MBのフロッピーディスク（UHD）である．同じ3.5インチの2DD/2HDとの互換性もある．大容量化は，Zipと同様にメタル塗布型磁性体を用い，その他にもいろいろな工夫がなされているようである．磁気ヘッドは接触型であるので，ディスクの回転数が制限されるため，データの読み書きにはフロッピー並みの時間を要する．また従来のフロッピーディスクとの互換性のため，2つのヘッド構造となるデュアルギャップ方式をとっているので，ヘッド周りの構造が複雑である．

6.10.7 MO

MO

従来MOといえば，光強度変調方式による230MBのタイプの光磁気ディスクが主流であったが，現在は，ISO規格による3.5インチ540MBと640MBのものがある．またGIGAMOと呼ばれる同じく3.5インチで1.3GBのものもある．この場合は，640/540/230/128MBのMOとの互換性があるので，これらのMOの読み書きにも対応しているのが一般的である．いままでMOは書き込み時間が遅いというイメージがあったが，これは，従来の光強度変調方式では，一度データを消去（すべて一定方向に磁化する）したあとに書き込むという2段階の

GIGAMO

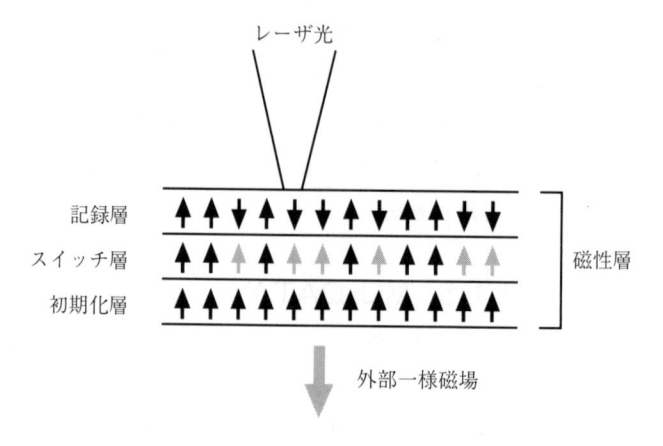

図6.16 3層型光強度変調方式（ISO規格）

動作が必要であったためである．このISO規格の書き込み方法は従来と違い原理的に3層の磁性層を利用することで，高速化をはかっている．図6.16に示したのがその原理である．まず初期化層と呼ばれているところには，すべて同じ方向に磁化された層があり，レーザ光をあてると中間のスイッチ層はその磁化を記録層に伝達する．この中間のスイッチ層にはキュリー温度が比較的低いものを用いてある．ここで，外部から，初期化層とは逆向きの磁場を与え，レーザ光の強度をあげるとスイッチ層の磁化が消え，記録層には外場方向に磁化される．このようにすることで一度に消去，書き込みが可能となる．一方，HS規格と呼ばれる650MBのMO(磁場変調方式)もあったが，従来のMOとの互換性がないことから，あまり普及しなかった．

6.10.8 DVD-R，DVD-RAM，PC-RW

DVD
DVD-R
DVD-RAM

PC-RW

RAM：Random Access Memory

追記型のDVDがDVD-Rである．DVD-ROMやDVD-RAMとの互換性があり，DVDレコーダでも対応しているものもある．容量が片面3.95GBであるが，次世代規格としてより大容量化が進められている．一方，書換型としては，DVD-RAMとPC-RWの2種類がある．DVD-RAMは第1世代(Ver.1)では片面2.6GB/両面5.2GBのRAMでカートリッジに収められていた(Type1)．そのため，DVD-ROMとの互換性がない．すなわち，DVD-RAMで記録したものは，DVD-RAMドライブでしか読み出しができず，一般的なDVD-ROMドライブでは読み出せなかった．そこで，Type2と呼ばれるものが出てきて，これはカートリッジが着脱できるようになっている．さらにビデオレコーディング規格に対応していれば，DVDプレーヤでの再生が可能である．また，DVD-RAMのVer.2の規格では，片面4.7GB(両面9.4GB)のものや，1.46GBの直径8cmのものも存在する．一方，DVD-ROMと互換性をもつ書換型のDVDとして，DVD+RW(ReWritable)という規格が生まれたが，名前がDVD-RWと紛らわしいことから，PC-RWと改められた．こちらは，片面3GBであるが，これも次世代規格としてより大容量化が進められている．

DVD+RW

PC-RW：Phase Change ReWritable

6.10.9 フラッシュメモリ

フラッシュメモリ

ATAカード

コンパクトフラッシュ

半導体メモリの中でも外部から電気を供給しなくても記憶が消えないものがあり，これをフラッシュメモリと読んでいる．モバイルPC用のPCカードサイズのフラッシュATAカードはハードディスクの補助記録媒体としても利用でき，容量も1.2Gと大きいのもある．一方，同じフラッシュメモリの一種であるが，よりコンパクトにした2種類のメディアがある．1つは，コンパクトフラッシュ

で 36.4×42.8×3.3mm でメモリと入出力制御回路を含んでいる．もう1つは，

スマートメディア スマートメディアと呼ばれるもので，37×45×0.76mm でメモリのみを含み，入出力回路はアダプタ側につく．いずれも大きめの切手サイズである．また，同

MMC 様なメモリに MMC(マルチメディアカード)というものもあり，その1つに SD

SD カード カードメモリ(32/64MB)というものもある．SD カードのサイズは 32×24×2.1mm であり，スマートメディアよりも小さい．これらの用途としてはデジタルカメラや音楽配信対応のポータブルプレーヤなどの記録媒体として利用されている．PC などには PC カードアダプタをつけて装着する．

マイクロドライブ
6.10.10 マイクロドライブ

500円硬貨程度のサイズのハードディスクだと考えればよい．実際の外寸は 36.4×42.8×5.0mm とコンパクトフラッシュとほとんど同じであるが，容量は 1GB と大容量である．これも PC カードアダプタをつけて PC に装着する．

7章

インターネット

*単にWebと呼ぶことも多い

　インターネットとWorld Wide Web（WWW*）とは必ずしも同義語ではないのであるが，インターネットに接続しているというと，Webを利用しているというようにとらえられることが多い．確かに，インターネット上には，Web以外にもさまざまなサービスが存在しているにもかかわらず，Webしか利用していないという人もかなりいる．さて，Webとマルチメディアも決して同義語ではないが，Webはマルチメディア通信の最たるものであることには違いない．

　従来，文字中心のネットワークが一気にマルチメディア情報を扱うようになり，われわれにより身近にマルチメディアの恩恵を与えたともいえる．しかも，その操作性が，マウスのクリックという比較的容易な方法で，コンピュータの知識をもたなくても誰もができるという点も，Webが急激に普及した要因の1つに違いない．実際，コンピュータが初めてだという人も，Webを通してコンピュータを利用しはじめたというケースが増えてきている．また，もう1つの普及要因として，それまでは情報を受け取るだけであった多くの人が，逆に情報を容易に発信できるという点も特徴の1つにあげられるであろう．このことは，実は良い面と悪い面の両面性をもっているが，Webから得られる情報の多様性とリアリティ性（いわゆる生の声）を生み出し，Webの利用に拍車をかけていることも事実である．さて，ここでは，Webを中心に，インターネット上で利用できる他のサービスなどについても概略的に見てみよう．

7.1　歴史的背景

ARPANET：Advance Research Projects Agency Network

　1969年にアメリカでARPANETと呼ばれる各機関内ネットワーク（LAN）同士を結ぶ実験ネットワークが始められた．当初は軍関係機関のためのものであったが，次第に他の研究機関とも接続されるようになってきた．1980年代前半にARPANETと軍事用のMilnetが分離し，軍事関係以外の研究者間の研究交流と情報交換という高度学術情報の流通を目的とする性格が強くなっていった．さ

らに ARPANET の方は，各大学や研究コンソーシアム間で形成された地域ネットワークと接続し，全米を網羅するネットワーク NSF net へと発展していった．アメリカではこれを固有名詞として単に the Internet とも呼んでいる．これはネットワーク同士を結ぶネットワークという意味からきている．

その後，アメリカ以外の各国との接続もなされ，国際的なアカデミックネットワークとして急速に拡大していった．日本でのアメリカとの接続は，まず 1985 年に CSNET と呼ばれるネットワークと，東京大学の計算機センターが結ばれたのが最初である．この CSNET は後に Internet に統合されるが，当時はまだ別のネットワークであった．

当初は国際電子メール交換などが有料で行われていた．その後，1989 年に，わが国のインターネットの草分けの 1 つである WIDE プロジェクトがデジタル専用回線でハワイ大学と接続し，本格的にアメリカの Internet と日本のインターネットが接続された．その間，日本国内のインターネットの整備はどうであったかというと，1984 年に主として電話回線を利用した LAN 間接続が行われ始めた．これは JUNET と呼ばれるものであった．UUCP という通信プロトコルが使われていたので，主として電子メールとか電子ニュースの利用に限られていた．また，接続も日本国内だけである．

一方，当時，通信プロトコルとして TCP/IP が徐々に主流になりつつあった．1988 年には，WIDE と JAIN という 2 つのインターネットが，この TCP/IP 接続のネットワークとしてでき，WIDE は専用回線で相互に接続し，前にも述べたように海外（アメリカ）との接続もなされた．一方，JAIN の方は従来から汎用大型計算機間を結んでいた学術情報センターの N-1 ネットの専用回線を利用する方法で，各大学の LAN との接続実験が行われた．

その後，いくつかの学術情報ネットワークが実験的に行われ始め，1991 年には学術情報センター（現国立情報学研究所）によるインターネットバックボーン SINET が開始された．現在では，これらのインターネットが相互に接続され，いずれかのインターネットに加入していれば，互いに情報の共有，交換が可能となっている．これらのほとんどが，学術情報の利用という立場で科学研究費などにより運用がなされていたので，ユーザ側は回線費用のみで利用できた．そのため，利用機関を国公私立大学や研究機関としたところが多く，WIDE のみが民間の加入を認めていた（ただし，これも原則として研究利用に限られていた）．AUP というのがあり，学術情報の流通を目的とし商用利用を制限していた．当初，数機関だけを結んでいたネットワークであるが，その後，アメリカの商用ネットワーク（CIX）と接続した商用プロバイダが日本にも登場し，企業などもイン

7.1 歴史的背景

ターネットに接続するようになったころから爆発的に発展した．その後，JUNET，JAIN など草分け的存在の組織は，その実験的役割を終了し解散した．

初期のころは，個人がインターネット接続するのはまれであったが，現在では商用プロバイダが全国に網羅的に拡充され，しかも比較的安価でサービスを提供していることから，企業，組織はもちろん，家庭までも容易にインターネット接続ができるようになっている．表 7.1 に示したのは，ここ数年間の日本でのインターネット接続している利用者数の変遷であるが，2000 年で 2000 万人を越えている．

表 7.1 日本のユーザ数の変遷

年	ユーザ数
1996	250 万人
1997	800 万人
1998	1200 万人
1999	1800 万人
2000	2125 万人

一方，海外ではどうなっているかを見るために，図 7.1 にインターネットに接続されているコンピュータのホスト数の変遷を示した．ホストコンピュータなの

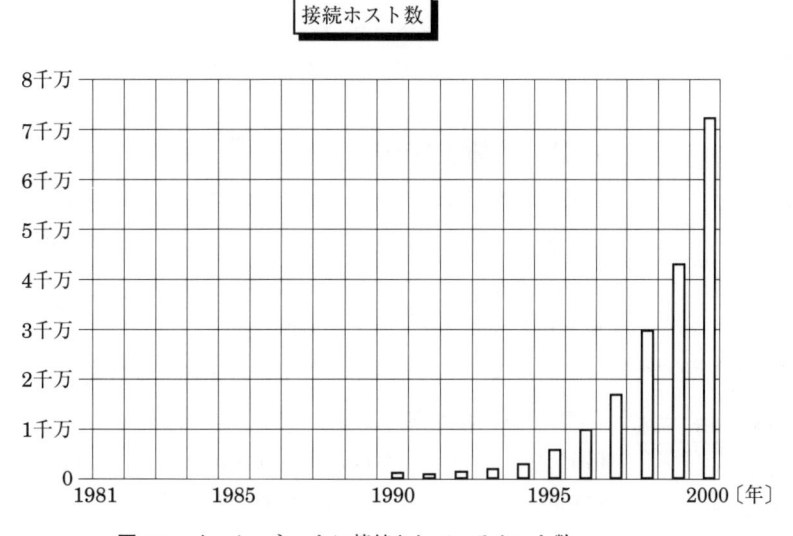

図 7.1 インターネットに接続されているホスト数

で，それに接続している端末も含めれば，数はもっと多いことになる．これを見ればわかるように指数関数的に増加していることがわかる．実際，アフリカの一部を除いて地球上のほとんどの地域がなんらかの形でInternetに接続されており，2000年現在で，およそ3億500万人が全世界で利用しているといわれる．このインターネットの大きな特徴は，これらはすべて対等な関係にあり，どこが中心であるということはないという点である．たとえば，ある国のデータベースを利用するのに途中の回線速度の違いを除けば，アメリカから利用しても日本から利用してもまったく同じようにできるし，利用者自身がデータベースを公開することもできる．初めは，アメリカのアカデミックネットワークを意味していたthe Internetという言葉は，今では国際的にリンクしているこれらのネットワーク全体を指すものとなっている．

　日本は，ネットワークに関してアメリカに10年〜20年くらい遅れているとよくいわれる．アメリカがスーパーハイウェイ構想を打ち出したとき，日本はまだ畦道だという人もいた．これは，1つには回線速度の遅さがあった．しかし，日本でもここ数年間の間に十分とはいえないまでも高速の回線速度で結ばれるようになってきており，かつてほど回線の遅さを感じさせない．

7.2　インターネット上のサービス

　改めて説明するまでもないかもしれないが，インターネット上ではWeb以外にもいろいろなサービスが利用できる．マルチメディアという点ではWebが確かにすぐれているように思える．ここでは，マルチメディアと直接関係ないものも含めてそのうちのいくつかをリストアップしてみよう．

7.2.1　電子メール

　最も一般的なのが電子メールである．これは，文字情報を中心に行われているが，音声メールというのもある．ただし，音声メールに関しては共通のフォーマットが定まっていないので一般的ではない．ただし，電子メールに，添付ファイルとして音声ファイルとか画像ファイルをつけて送受信することは可能である．一般的には，インターネット上の電子メールは文字情報を扱うことが前提であるため，MIME未対応のメーラーでは，asciiモード[*1]以外のファイル(binary file[*2])を扱う場合は，uuencode(unix)やbase64(Windows)，binhex(Macintosh)といった変換が必要である．

　ところでMIMEとは，電子メールにおいてプレーンテキスト以外のさまざ

[*1] テキストやソースプログラム

[*2] 音声，画像，圧縮ファイル，実行型のファイルなど

MIME：Multipurpose Internet Mail Extension

な種類のコード化されたファイルを指定するためのもので，WWW においても利用されている．たとえば，送られてきたファイルが，画像ファイルかテキストファイルなのかがわからないと，受信側でどのように表示すればよいかがわからないが，MIME タイプを指定しておき，受信側でこの MIME タイプに従って表示させるアプリケーションを決めておけば，それに対応したファイルを表示することができる．MIME については，後でもう一度説明する．

7.2.2 ネットニュース

さて，電子メールと同じように文字情報の交換ということでは，ネットニュースというものもある．ただし，電子メールが特定の人達との情報交換であったのに対し，ネットニュースでの相手は，ニュースグループと呼ばれる不特定多数である．趣味の世界から学問の世界までかなりの数のニュースグループが存在しており，自由にニュースを見ることも投稿することもできる．

ニュースといってもパソコン通信のように，興味を同じくする人達との情報交換が主である．パソコン通信との違いは，会員性ではないので，全世界の人が対象であり多くは英語で行われている．もちろん，日本国内向けの日本語のニュースグループもある (fj グループ)．相手が不特定多数であるということから，これを利用する場合には，特にネチケット(ネットエチケット)と呼ばれる常識的なルールを守ることも必要である．最近は WWW での各種掲示板(BBS)でも同様なことが行われている．

BBS：Bulletin Board System

7.2.3 telnet

telnet は，たとえば手元にないマシンにアクセスして，その計算機を使うという場合に有効である．実際，アカウントをもっていれば日本から telnet で外国のマシンにログインすることもできる．ただし，向こうのマシンとのやりとりは，文字情報に限られるのが一般的である．

また，国内でも外出先からいつも利用しているコンピュータに接続するといった場合にも，telnet がよく使われる．たとえば，休み中とか出張中でも，大学や勤務先のコンピュータシステムにアクセスすることができる．もっとも，アクセス先のマシンが fire wall という外部からの侵入を防ぐ防火壁を設けている場合は，アクセスできないこともある．

telnet の場合，遠隔地のコンピュータにアクセスするためには，そのマシンにアカウントをもっている必要があるわけであるが，一般に公開しているサービスもあり，アカウントをもっていなくても，そのマシンに入って特定のサービスを

受けられるというのもある．

telnet では，マシンにアクセスするのであるから，電子メールアドレスのような個人 ID@の部分は必要なくなる．その代わり，マシンを識別するためのドメイン名というのが必要になる．たとえば，abc というマシンにアクセスするためには，

abc.ulis.ac.jp　　または　　133.51.12.34

というのが，telnet アドレスとなる．最初の例が，ドメイン形式と呼ばれるものである．一方，後の例のように，数字だけが並んだものは，IP アドレスと呼ばれる（ここに示した例は，実際とは異なる）．telnet では，このどちらかを指定することになる．

telnet アドレスには，その後ろに IP アドレス以外の数字がついている場合がある．この数字は，ポートナンバと呼ばれるもので，どのプログラムあるいはサーバをアクセスしようとしているのかを遠隔地のコンピュータに知らせるための方法である．コンピュータのハードウェアポートとは関係ない．telnet の標準的なポートナンバは 23 である．

7.2.4　ftp

ftp は File Transfer Protocol の略で，別々のマシン間でのファイルのやりとりを行う．たとえば，同一機関内でも 2 つ以上のファイルシステムを利用しているところでは，相互にファイルの内容を交換することができる．さらに，組織外や外国のマシンにアカウントをもっていれば，そちらのマシン上のファイルをこちらにもってきたり，逆に送ったりすることができる．とはいっても，一般には，組織外のマシンにアカウントなどをもっていないことの方が多いので，便利なサービスとして，anonymous ftp というのがある．

このサービスを行っているマシンであれば，そこにアカウントをもっていなくてもそこで公開されている情報をもってくることができる．公開されている情報としては，文字情報もあれば，音声，画像，映像情報もある．最もよく利用されるのは，フリーソフトなどのアプリケーションファイルである．

anonymous ftp では，多種多様のファイルライブラリがインターネット上に接続されている何千，何万というサイトで提供されている．そのほとんどが，無料であり，シェアウエアなどは，一部有料なものもあるがいずれにしても低価格である．また，これらは Web からアクセスすることも可能である．

さて ftp は，クライアント・サーバモデルによってサービスされている．ここで，クライアントといっているのは，この場合，ローカル（いま自分が動かして

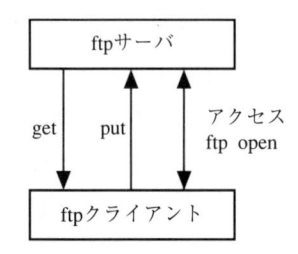

```
          ┌──────────┐
          │ ftpサーバ │
          └──────────┘
           ↑↓  ↑  ↑
           get put アクセス
                   ftp open
           ↑↓  ↑  ↑
          ┌────────────┐
          │ftpクライアント│
          └────────────┘
```

図 7.2 ftp の仕組み

いる)マシン上の ftp プログラムを示している．この関係を図 7.2 に示しておく．
　一方，サーバは，リモート(遠隔地側)のマシン上の ftp プログラムである．クライアントはサーバに対してファイル転送の情報を要求し，サーバがその要求にしたがってファイルを転送する．
　そのようなわけで，マシンがインターネットに接続されているからといって，必ずしも ftp が利用できるわけではなくクライアント側で ftp がインストールされている必要がある[*1]．ただし，インストールされているプログラムの種類によって，多少の使い方の違いもある[*2]．

*1 Windows では，コマンドベースの ftp は標準でついているが，GUI ベースのものはフリーソフトなどをインストールする必要がある

*2 特に Windows, Mac などでは，数多くの ftp プログラムが存在している

7.2.5 転送モード

　前節で，ファイル転送についての説明をしたわけであるが，たとえば，異機種間でファイルの転送が行われたとき，文字の表現コードが両者で違っていると，他のマシンでは，そのままでは文字化けを起こしてしまい送られてきた文書が読めないといったことが起こる．そこで，ftp では，2 種類の転送モードが用意されている．
　　① 文字コードの変換を自動的に行う(ascii)．
　　② ビット単位で変換を一切行わない(binary)．
　ascii モードと呼ばれるものは，異機種間の文字コードを変換してファイルを転送する．しかし，アルファベット文字に対しては，十分うまく変換が行われるが，日本語コードの場合は，ときとして，このコード変換がうまくいかない場合があり，取り寄せたファイルが文字化けして読めないといったことが起きることがある．このような場合は，文字コード変換フィルタを通すと文字化けを直せることが多い．フリーソフトの ftp ツールの多くは文字コード変換をサポートしている．
　ところで，一般に転送されるファイルはすべて文字コードからなる文書情報ばかりとは限らない．たとえば，画像データや実行型ファイルなどは，文字として

ascii : American Standard Code for Information Interchange：情報交換用アメリカ標準コード

ではなく，1, 0のデータ自身が重要な意味をもつものもある．この場合は，asciiモードとして転送してしまうと，これらのビットデータを文字コードとして変換してしまい，元のデータが壊されてしまう．このようなファイルに対しては，binaryモードの設定をしなければならない．binaryモードでは，一切，元のデータに手を加えず，まったく同じデータが転送されることになる．モードの変更は以下のように，

　　　　　ftp〉 ascii　　　または　　　ftp〉 binary

とする(PC上でのftpソフトでは拡張子により自動判別するものや，ボタンのクリックでモード変換を行うものが多い)．

　一般に，ftpをopenした段階でのデフォルトは，asciiモードになっていることが多い．よって，画像データなどの特殊なファイルを転送する場合のみ，

　　　　　ftp〉 binary

としたあとで，ファイルを転送する．

7.2.6 ファイルの圧縮

　システム全体のディスク容量が有限であることから蓄積できる情報量もその容量によって制限をうける．その有限なディスク資源を有効に利用するため，ファイルを圧縮することで，場合によっては元のファイル容量の数十％程度までディスク使用容量を減らすことが可能である．実際に，ftpで転送されるファイルの多くが圧縮をかけられている．ftpでは，圧縮されたファイルをローカル側にもってきてから圧縮をもどせばよい．この場合の利点は，リモート側のファイル容量の節約だけではなく，転送時間も大幅に減らすことができる点である．たとえば，数Mbyteのファイルを転送するのに，何十分もかかるということがある．圧縮されたファイルならば，これが数分ですむ．

＊伸張，解凍ということもある

　しかしながら，欠点もある．圧縮を展開＊するまで，その中味がわからないということである．特に，それが文書ファイルである場合は，事前に中味をチェックし，それが必要なファイルであるかを確認してから転送するといったことができない．もちろん圧縮されたファイルが，たとえ文書ファイルであったとしても，転送モードとしては，binaryモードを用いなければならない．もう1つの欠点としては，圧縮ファイルをもってきたところまではよいのだが，いざ展開しようと思っても，その展開するツールをもっていないということもある．そして，それ以前にそのファイルがどの圧縮法で圧縮されたのかを知る必要もある．

　では，どのような圧縮法があるのか少しみていこう．ただし，世の中には，数えきれないくらいのさまざまな圧縮法が存在しているので，ここですべてを網羅

7.2 インターネット上のサービス

することはできない．まず，そのファイルがどのような圧縮法を用いているかは，場合によっては，さきほど説明したREADMEファイルかそれに類するファイルに書かれているかもしれない．さらに親切な場合には，展開するのに必要なソフトとその入手法を記したものもある．運悪くそのようなREADMEファイルが存在しない場合は，ファイルの拡張子を調べる．ある圧縮法で圧縮されたファイルには，特定の拡張子がついているのが一般的だからである．

.Z　　これは，unixで最もポピュラーな圧縮法によって圧縮されたファイルである*．

*unixコマンドのcompressによる

| 展開 |　uncompress file.Z

Zcatというコマンドでもできる．もし，このファイルをWindowsやMacなどで展開する場合は，別のソフトが必要になる．

MS-DOS…u16.zip

Mac…MacCompress

.zip or .ZIP　　これは，MS-DOSのPKZIPと呼ばれる圧縮プログラムで圧縮されたファイルである．

| 展開 |　unzip or unzip41

.gz　　GNU*が提供している圧縮法．

*Free Software Foundationの中のGNUプロジェクト

| 展開 |　gunzip

.zoo or .ZOO　　unixとMS-DOSに共通に使われている圧縮法．

| 展開 |　zoo

.shar or .Shar　　unix系で使われる別の圧縮法．

| 展開 |　unshar

.sit or .Sit　　Macで使われている圧縮法．

| 展開 |　Stufflt or unsit

.ARC　　MS-DOSで使われている圧縮法．

| 展開 |　ARC or ARCE

.LHZ　　MS-DOS で使われている圧縮法.
　展開　LHARC or LHA

.z　　unix で使われている pack という圧縮法で圧縮したファイル. compress の場合と違って，z が小文字である点が違う.
　展開　unpack

　このようにさまざまな圧縮フォーマットが存在することがわかったが，もちろんこれ以外にもあるにちがいない．さて，一応，ファイルを元にもどすための展開のコマンドもしくは，ソフトの名前もわかったが，それらが，ローカルのマシンにインストールされていない場合はどうしたらよいであろうか？
　幸いにも，このような展開プログラムは，インターネット上で無料で提供されていることがほとんどである．WWW の検索ページなどではダウンロード項目を提供していて，そこから各種のフリーウエアやシェアウエアを検索できるようになっており，その中にファイルの圧縮伸張に関するものがある．あるいは，次の章で説明する archie というサービスを用いてもよい．また Windows や Mac などの圧縮伸張ツールの多くは，1つのツールで複数の圧縮フォーマットに対応している場合が多い．
　さて厳密には圧縮ファイルとは違うのであるが，複数のファイルをまとめて1つのファイルにつくり変えるというのがある．たとえば，ディレクトリ全体を転送したいという場合には，次に説明する複数のファイルを1つにまとめる tar とか LHZ という形式を利用すると便利である．これらはアーカイブツールと呼ばれている*．この tar などを利用すると，転送されたファイルが単独では役に立たず，複数のファイルが存在して初めて役に立つという場合にも有効である．すなわち，必要な複数のファイルを tar で1つにまとめておけば，利用者は，いちいちすべてのファイル名を覚えていなくても必要なファイル全体をもってくることができる．
　そもそも，初めての利用者には，そのソフトに必要なファイルがどれとどれであるなどということは，わからないことが多い．tar 形式は，もともと，ファイル全体をテープなどにバックアップするときに利用されたコマンドである．tar 形式のファイルは，拡張子が .tar になっている．もし，このような .tar のついたファイルを転送してもってきたのであれば，まとめられたファイルを元に展開しなけらばならない．そのためには，ftp 上ではなく，ローカルマシンの unix コマンドとして，

*ただし，前述したように LHZ は圧縮も同時に行っているので圧縮ツールでもある．Unix では tar が一般的である

7.2 インターネット上のサービス

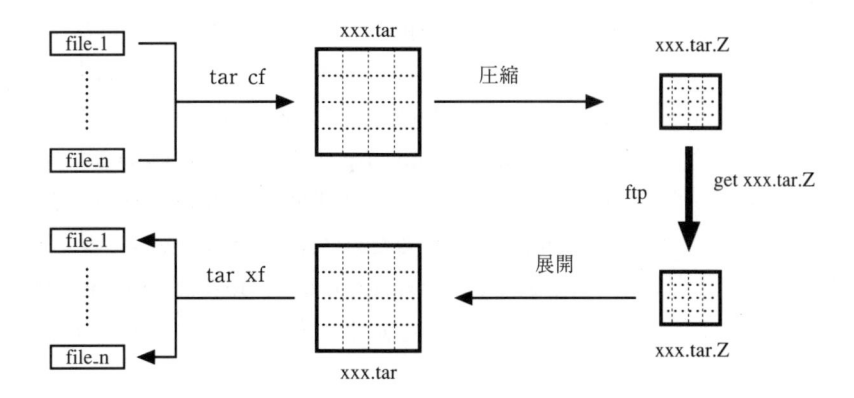

図 7.3 tar 形式によるファイル圧縮と展開

   %tar xf abc.tar

とする．すると展開されたファイル群は，abc というディレクトリの中につくられる．逆に，tar ファイルをつくるためには，

   tar cf abc.tar dir-name

のようにする．dir-name で指定されたディレクトリ以下のファイルをまとめて，abc.tar というファイルがつくられる．ところで，tar ファイルは，多くのファイルを1つにまとめたものであるから，ファイル容量が大きいものが多い．そこで普通は，さらに圧縮されている場合がある．このようなときの拡張子は，たとえば，

   abc.tar.Z

のようになっている．このファイルの展開の手順は，右側の拡張子から展開することになる．すなわち，この例の場合は，

   % uncompress abc.tar.Z

   % tar xf abc.tar

という手順になる(図 7.3 参照)．

  MS-DOS などでは，2つの拡張子というのが許されていないので，.tar.Z のかわりに .tgz* というような拡張子になっていることもある．

* 正確には .tar.gz の代わり．MS-DOS では，.Z の compress よりも gz による圧縮の方が一般的である

7.2.7 archie

  ftp でインターネット上にあるファイルを転送してもってこれることを説明したが，ほしいファイル名がわかっているときに，いろいろな ftp サイトを探し回るのでは大変である．たとえば，圧縮されたファイルを展開するためのファイル

がほしいが，どのftpサイトにあるかわからないといったことが生じるであろう．file名を入力すれば，それがどのftpサイトにあるかを教えてくれるのが，archieと呼ばれているものである．archieは，いくつかのサーバの集まりで，各サーバはanonymous ftpサイトで公開しているファイルの所在情報を記録している．これらのサーバは定期的に情報を交換して，常にアップデートされている．archieを利用するためにはローカル側のマシンにもarchieソフトがインストールされていなければならない．現在は，WWWの検索ホームページのダウンロードサービスから直接アクセスすることもできるので，archieを使う機会は少ないかもしれない．

7.2.8 WWW

＊文字，画像の混じった画面で，関連項目にリンクがはられている

改めて説明する必要もないかもしれない．ブラウジングをしながらハイパーテキスト＊上の画像，あるいは文字列をクリックすることで，リンク先の項目へアクセスできる．利用法が簡単であることや，ftpなどの他のサービスも包含していること，簡単に自分から情報を提供することもできるといったことが，WWWを爆発的に普及させた．当初は，キーワード検索が弱いので，なかなかほしい情報に到達できないといった問題もあったが，最近はいろいろなサーチエンジンと呼ばれる検索ツールも強力なものが出てきたので，検索機能自体に問題はあまりない＊．Webの利用方法は，ブラウザが数種類もありそれぞれ多少の違いがあるが，リンクされた文字列や画像をマウスでクリックしながらさまざまな情報に到達できる点は多くの場合ほとんど同じである．ここで改めて詳しい利用法を述べる必要もないであろう．WWWは情報を手軽に得るという点では非常に便利であり，日々新しい情報が追加，更新されている．

＊ただし，必要な情報にたどりつけるかは別問題である．この点についてはあとで議論する

その一方で，問題点もある．たとえば，インターネット上は無法地帯といわれているように，有益な情報も多い代わりに有害な情報も存在しているということである．また，法律の違いから同じ情報を発信しても国によっては違法でも他の国からの発信であれば合法であるといったおかしなことも存在している．しかも，各国で法律上の規制がまちまちであるのに対して，インターネット上の情報には国際的に違いはなく，どこの国でも同じ情報を手に入れることが可能となっている．

場合によってはこのことが，良い面に働くこともある．従来は，税関というところで，情報の輸出入まで検閲に近い規制を受けていたが，インターネットではそれができない．たとえば，ある国では自国に都合の悪い情報は国民に知らせないといった，情報操作をしていた国があったとしてもインターネットによっ

て，世界がどのように考えているのかを直接知ることが可能となった．たしかに有害情報もインターネット上に流れていることは確かであるが，それ以上に有益な情報を得るためのツールとしてWWWの存在しない世界にあともどりはできないであろう．このほかにも，まだまだ考えるべき問題点はあるが，これらについては後の章でも議論するつもりである．

7.2.9 イントラネット

　企業内あるいは組織内で情報流通を目的としたネットワークを構築することは，重要な要素となってきている．WWWのように誰でもが情報を提供でき，また誰でもがそれらの情報にアクセスできれば多くの目的は達成できる．かといって，一般的にWWWをそのまま利用するのであれば，それらの情報は企業内だけでなく，外部にも公開されてしまう．特に企業などでは社内だけで流通すれば良いといった情報がかなりあり，むしろ外部には公開したくないといったこともあるであろう．そこで，組織内だけがアクセスできるように限られたネットワーク空間内だけでWWWと同様なことができるようにしたものがイントラネットと呼ばれているものである．もともと企業などでは，外部からのアクセスを制限する目的で，ファイアウォール（防火壁）と呼ばれる情報流通の関所を設けているところが一般的であるが，イントラネット用のWWWサーバに対してもこのファイアウォールを設けることで，外部への情報流出を防いでいる．

7.3　WWWの仕組み

7.3.1　MIMEタイプ

MIME：Multipurpose Internet Mail Extension

　MIMEタイプは，Content-Typeとして記述される．代表的ないくつかのタイプを表7.2に示す．

IANA：Internet Assigned Numbers Authority

　表にはないが，タイプの中でx-で始まるものは，公式に認められていないもので，application/x-javascriptなどもある．標準タイプは，IANA(http://www.iana.org/)という組織で登録されている．また，以下のサイトから登録されているMIMEタイプの情報をanonymous ftpでもってくることもできる．

　　　　ftp://ftp.isi.edu/in-notes/iana/assignments/media-types

■ MIMEの役割

① URLにより，サーバにファイルを要求する．

② サーバはファイルを取り出し，拡張子からMIMEタイプを特定する．

表7.2

形式	Content-Type	拡張子
HTML	text/html	Html, htm
テキスト	text/plain	txt
GIF	image/gif	gif
JPEG	image/jpeg	Jpg, jpeg, jfif, jpe, pjp
PostScript	application/postscript	ps, ai, eps
MPEG	video/mpeg	mpeg, mpg
オーディオ	audio/basic	au, snd
PDF	application/pdf	pdf

③ サーバはContent-typeによって，ブラウザにファイルタイプを通知する．

④ ブラウザは，送られてきたContent-typeにより，ブラウザ側で処理するか，外部のアプリケーションを起動するか，あるいは処理できないかを判断する．

7.3.2 WWWの仕組み

WWWはそれ自体がある種の電子図書館であり，端末の前にいながらさまざまな情報を手に入れることができる．その利用法が誰にでも簡単にできるということが1つの特徴であり，利用に際して特にその仕組みについて詳しい内容を知る必要もない．しかし，ここでは簡単にその仕組みを見てみることにする．まず，WWWは典型的なクライアント／サーバモデルである．サーバ上では，公開すべき情報とHTMLで記述されたいわゆるホームページなどがおかれている．

HTML：Hyper Text Markup Language

一方，クライアント側には，ブラウザと呼ばれるソフトがインストールされている．クライアント側はURLと呼ばれるユニークにつけられたアドレスのようなものを指定する．URLは一般に次のような構造をもつ．

URL：Uniform Resource Locator

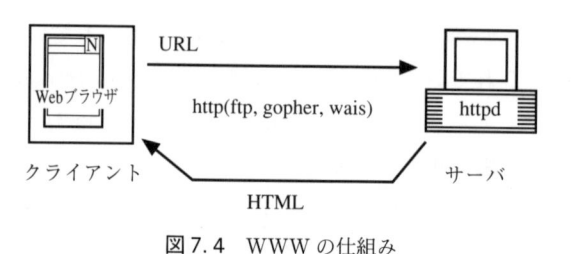

図7.4 WWWの仕組み

protocol://host.domain [:port]/path

port はポートナンバであるが，省略される場合がほとんどである．このプロトコルの部分には，http のほかにも telnet,ftp,gopher,wais などを指定することもできる．ここでは，http を指定した場合を想定して話を進める．クライアントから送出された URL に対応するサーバに対して URL で指定した文書を送ることが要求される．形式的には，GET <file> [<protocol>] という形式である．この要求に対して，サーバ側は指定された HTML のソースファイルとか画像データを送り返してくる．このとき，それがテキストタイプなのか，画像のようなタイプなのかを MIME タイプによって指定する*．クライアント側は，サーバから送られたファイルを解析し，html テキストであれば，規則にしたがってハイパーテキストにフォーマットして表示させる．また，それが画像情報であれば画像を表示させるなどのことを行う．そこで，クライアント側で，MIME タイプごとにどのアプリケーションでファイルを開くか指定しておかなければならない．当然クライアント側にこれらのアプリケーションがインストールされていなければならないわけである．新たな形式のファイルは x- を指定することでデータ転送が可能となるが，この場合，サーバ側とクライアント側両方の設定が必要となる．たとえば，あるワープロなどでつくった文書を送り，クライアント側で同じワープロソフトが立ち上がれば，Web ブラウザ上でそのワープロファイルを開くことができるわけである．画像データなどもファイルに落とさずにブラウザ上で見ることができるのも，そのような設定があらかじめなされているからである．NetScape などでは，Option の General Preferences で指定する．実際，いくつかのサイトでは，このような特殊なフォーマット形式のファイルを提供していて，クライアント側で MIME タイプの指定をしなければならないものもある．そのような場合は，そのファイルを開くためのアプリケーションなどもフリーで提供しているのが一般的である．さて次の節で，簡単な html の記述の仕方をまとめておく．

http：Hyper Text Transfer Protocol

*たとえば，Content-type:text/html のように

7.4 HTML

ここでは，よく使われる HTML のタグについて，簡単に列挙しておく．これらは完全ではないし，最近は，ワープロソフトで自動的に HTML に変換してくれるものもあるので，ユーザが HTML を知らなくても WWW のホームページを作成することも可能である．

しかし，タグの構造を知ればより細かな制御も可能となる．詳しくは，

　　　　　　http://www.w3.org/TR/html401/

にオリジナルの仕様が書かれている．また，日本語による詳しい解説として

　　　　　　http://www.zspc.com/html40/index.html

を参考とした．

7.4.1　基本構造

HTMLの基本構造は，

　　　　〈タグ名　属性名＝"値"〉文字列〈/タグ名〉

である．ただし〈/タグ名〉が省略可なものもある．またタグ名は大文字でも小文字でもかまわない．

さて，HTML文書ファイルの拡張子は，.html, .htm, .ssi, .shtml, .cgiなどが一般的である(ssiやcgiなどのように拡張子が機能を示している場合もあるので，勝手に拡張子をつけることはできない)．また，ファイル名はURLの一部になるので，英小文字を使用するのが一般的である．

ファイル全体の文書構造は以下のようになっている．

```
<!doctype html public "-//W3C//DTD HTML 4.01//EN"
"http://www.w3.org/TR/REC-html4/strict.dtd">
  <html>
  <head> 〜</head>
  <body> 〜</body>
  </html>
```

URI：Uniform Resource Identifier

SSI：Server Side Include

〈!doctype html public "公開識別子" "文書型定義のURI"〉	
	どの仕様のHTML文書かを明示的に示す(省略可)
〈html〉〜〈/html〉	(省略可)HTML文書の初めと終わりにつける
〈!-- 〜 --〉	コメント(SSIの場合には意味をもつ)
〈head〉〜〈/head〉	ヘッダ部分：メタタグ(後述)やタイトルなどを記述する

[ヘッダ部分]

〈title〉〜〈/title〉	タイトルバー名の記述(本文のタイトルではない)
〈meta〉〜〈/meta〉	メタ情報の記述(検索ロボットなどに情報を与える)や自動リンクなどを行う
属性　content	content="text"は，プロパティ内容を定義する．後述のMIME等を指定することもある．

	http-equiv	http-equiv="name" は，Web サーバから自動的に送られる項目を明示的に指定する．送る内容は content で指定する．
	lang	lang="language" は，ドキュメントの言語を指定(日本語は ja を指定する)．
	name	name="name" は，プロパティ名を指定する． プロパティ名の例：author(作者)，build(作成日)，content-type(文書形式)，creatim(作成時間)，expires(有効期限)，keyword(キーワード)，title(タイトル)，Refresh(自動リンク)

(使用例)

`<meta name="Author" content="Tsukuba Hanako">`
　　　著者が「Tsukuba Hanako」であることを明示する．

`<meta name="keywords" content="multimedia">`
　　　キーワードとして「multimedia」を指定する．

`<meta http-equiv="Content-Type" content="text/html; charset=shift_jis">`
　　　ファイルが shiftJIS コードで記述されていることを明示する．EUC の場合は euc-jp，JIS ならば charset=iso-2022-jp とする．

`<meta http-equiv="Refresh" content="待ち秒数；URL=飛び先 URI">`
　　　一定時間の後に別の URI （URL＋ファイルや文書内の名前：Uniform Resource Identifier)に飛ばすようにする．

[ボディ部分：本文]

`<body>`～`</body>`		本文をこの間に記述する．
属性	alink	alink="# rrggbb" または alink="Color" はクリックしたときにリンク部分の変化する色を指定する．
	background	background="URI" はブラウザの背景に画像を表示する．URI には画像のファイルなどを指定する．
	bgcolor	bgcolor="# rrggbb" または bgcolor="Color"：背景色を指定
	link	link="# rrggbb" または link="Color"：リンク部分の文字色を指定
	text	text="# rrggbb" または text="Color"：テキスト文

字の色を指定

vlink　　vlink="#rrggbb" または vlink="Color"：すでにリンクされた部分の文字色を指定

(色の例)

black：黒(#000000)	gray：暗い灰色(#808080)	silver：明るい灰色(#c0c0c0)
red：赤(#ff0000)	maroon：えんじ(#800000)	purple：暗い紫(#800080)
fuchsia：紫(#ff00ff)	green：緑(#008000)	lime：黄緑(#00ff00)
blue：青(#0000ff)	yellow：黄色(#ffff00)	olive：暗オレンジ(#808000)
navy：紺(#000080)	teal：暗い水色(#008080)	aqua：水色(#00ffff)

7.4.2　文字

〈Hn〉〜〈/Hn〉　見出しの文字の大きさ指定．間には見出し語を入れ，nには数字を入れる．大きい数字の方が小さい．〈/Hn〉がくると自動的に行替えが行われるので，1行の中で文字の大きさを変える場合には，〈font〉タグを使う．ブラウザ側のシステム内に対応する大きさのフォントがない場合には，数字を変えても文字の大きさが変わらないこともある．

〈sub〉〜〈/sub〉　下付き文字にする(subscript)

〈sup〉〜〈/sup〉　上付き文字にする(superscript)

〈basefont〉　ページ内で基本となるフォントサイズや色を設定する．

　属性　color　color="#rrggbb" または color="Color" で，ベースの文字の色指定．

　　　　size　size="number"　フォントサイズを設定する．デフォルトは3で1が最小，7が最大である．

〈font〉〜〈/font〉　任意の文字のフォントのサイズや種類，色などを変更する．属性は basefont の場合と同じであるが，size は，+n と -n の指定により，直前のフォントサイズに対する相対的な文字サイズを指定できる．

〈big〉〜〈/big〉　現在のフォントより1つ大きいサイズのフォントで表示

〈small〉〜〈/small〉　現在のフォントより1つ小さいサイズのフォントで表示

〈blink〉〜〈/blink〉　文字を点滅させる

〈b〉〜〈/b〉　ボールド体(太字)にする

〈i〉〜〈/i〉　イタリック体(斜体)にする

7.4 HTML

`<tt>`～`</tt>`	テレタイプ体(固定幅フォント)にする
`<u>`～`</u>`	アンダーラインを引く
`<s>`～`</s>`	二重線で打ち消す

7.4.3 段落など

`<p>`～[`</p>`] 　　段落を指定する．

　属性　align 　　align="left" で左寄せにする．省略すると left が仮定される．他に，center(中央)，right(右寄せ)，justify(均等)

`<br>` 　　強制改行

`<nobr>`～`</nobr>` 　　この間のテキストを改行しない．

`<wbr>` 　　nobr タグ環境内で改行を行いたい場合に使用する．

`<hr>` 　　水平線

　属性　align 　　align="center" 中央に線を引く，left：左寄せ，right：右寄せ

　　　　noshade 　　noshade を指定すると，立体横線ではなく，塗りつぶし線になる．

　　　　size 　　size="number" は，数字により，横線の厚みを変更する．1 が一番細く，数が増えるに従い，だんだん太くなる．

　　　　width 　　width="number" は，横線の幅をドット数，もしくはブラウザ画面横幅に対する率に変更する．率で指定するときには，%をつける．

7.4.4 リスト・箇条書き関係

`<dl>`～`</dl>` 　　項目と説明がセットになった説明つきリストを作成．リストの項目は dt タグを使う．

　　　　説明は dd タグを使う．dt タグと dd タグの数は一致していなくてもよい．

　属性　compact 　　リストの先頭に空ける空白を狭くする．

`<dt>`～[`</dt>`] 　　説明付きリストの項目を指定する．

`<dd>`～[`</dd>`] 　　説明付きリストの説明部分を指定する．

(例)
```
<dl compact>
  <dt> [1] <dd> abcdef        [1] abcdef
  <dt> [2] <dd> ghijk         [2] ghijk
</dl>
```

`<ol>`〜`</ol>`		番号つきリストを作成．番号は通常，1．から自動的にふられる．リストはliタグに続けて記述する．
属性	compact	リストの先頭に空ける空白を狭くする．
	start	start="number"は，リスト項目にふる最初の番号を変更する．
	type	type="type"は，リスト番号の連番に使う文字を指定する．値には次のようなものをとることができる．
		1：1,2,3,…と数字でふる(デフォルト)
		A：A,B,C,…と英大文字
		a：a,b,c,…と英小文字
		I：I,II,III,…と大文字ローマ数字
		i：i,ii,iii,…と小文字ローマ数字
`<ul>`〜`</ul>`		番号なしリストを作成．項目はliタグに続けて記述．
属性	compact	リストの先頭のスペースを狭くする．
	type	type="type"は，リスト項目の先頭につく印を変更．値には次のようなものがある．
		disc：塗りつぶし小円　・(デフォルト：無指定時)
		circle：円(中を塗らない)　○
		square：正方形(中を塗らない)　□

ブラウザによっては，ulタグの中にさらにulタグがある，という入れ子の深さによってこの印が自動的に変わるものもある．

`<li>`〜`[</li>]`		リスト項目を定義する．属性はliタグ内でも指定できる．
属性	type	type="type"は，リスト番号の文字を指定する．値には次のようなものをとることができる．
		1：1,2,3,…(デフォルト)，A：A,B,C,…，a：a,b,c,…
		I：I,II,III,…，i：i,ii,iii,…
	value	value="number"で現在の項目につけられる番号を変更する(olタグ環境のみ)．

(例)
```
<ul>
    <li> マルチメディア
    <ol>
        <li> インターネット
        <li> 電子図書館
    </ol>
    <li> MPEG
    <ol>
        <li> 動画像圧縮
    </ol>
</ul>
```

> ・マルチメディア
>   1　インターネット
>   2　電子図書館
> ・MPEG
>   1　動画像圧縮

7.4.5 リンク

リンクは，〈a href="〜"〉…〈/a〉と〈a name="〜"〉…〈/a〉で設定する．

〈a〉…〈/a〉		属性としてhrefが指定されている場合，…内で指定した文字や画像に，〜で指定したURL(URI)にリンクをはる．nameの場合には，文書内の任意の位置に名前をつける．
属性	href	href="URL"は，指定したURLへリンクする．URLとディレクトリを省略した場合，同じディレクトリ内のファイルとみなす．Nameで指定した先にリンクする場合には，href="#Name"というように#印をつける．
	name	name="Name"は，文書内の指定した位置に名前をつける． URL(またはURI)として，abc.html#Nameのように直接参照することもできる．
	charset	charset="charset"は，リンク先の文字エンコーディングセットを指定する．日本語の場合は，ISO-2022-JP，EUC-JP，SHIFT_JISなどがある．
	coords	coords="coord-list"は，shape属性と対で使うことで座標の定義を行う．座標は左上が原点(0,0)にあたる．shape="rect"の場合，左上の位置x1,y1と右下の位置x2,y2を指定するので，coords="x1,y1,x2,y2"の形式になる．"circle"の場合，中心点x,yと半径rを，coords="x,y,r"で指定する．"polygon"の

場合，1点目 x1,y1，2点目 x2,y2，3点目 x3,y3，と指定していく．最後の点と1点目の間は自動でつながるので同じ値にする必要はない．形式は coords="x1,y1,x2,y2,x3,y3,...,xn,yn" のようになる．

各変数の値の単位はピクセル．％（パーセント）をつけることで画面の幅や高さに対するパーセンテージで表すことも可能である．

shape   shape="type" は，画像のある箇所をクリックするとそれぞれ対応したところへリンクする際の画像の形状を指定する．値として次のようなものがある．

   rect：長方形   circle：円   poly：多角形
   default：設定した位置がいずれにも該当しなかった場合，このリンク先へリンクする．

target   target="target name" は，リンクしたときの画面更新対象を示す．特殊な値として次のようなものがある．

   top：新しいウィンドウを開き，そこにリンク先を表示する．
   _top：現在表示中のウィンドウのすべてのフレームを消し，リンク先を表示する．
   _blank：新しい空のウィンドウを作成する．
   _self：現在のウィンドウ内にそのまま表示する（デフォルト）．
   _parent：現在表示中のウィンドウが含まれているフレームの1つ上位のフレームのウィンドウに表示する．

もしこれら以外の場合，開いているウィンドウまたはフレームの名前とブラウザはみなし，相当するウィンドウやフレームが見つからない場合，新規にウィンドウを開き，このウィンドウに指定した名前をつけて表示する．

（例1） ＜a href="abc.html" target="ABC"＞ abc.html へのリンク ＜/a＞
    ABC というウィンドウが新たに開かれそこに abc.html の内容が表示される．

（例2） 特別な例として，メールアドレスへのリンク mailto がある．
    ＜a href="mailto:abc@ulis.ac.jp"＞ abc@ulis.ac.jp へメールを出

す</a>

7.4.6 画像

ページ中に画像をインラインイメージとして挿入するには，imgタグを使う．

<img src=file名>　画像ファイルをインラインイメージとして表示する．</img>はつかない．

|属性|　align|align="bottom"は，画像の最下段とテキストの最下段を合わせる(デフォルト)．
absbottom：画像の最下段はベースラインに合わせる．
absmiddle：画像の中央はベースラインに合わせる．
baseline：画像の最下段はベースラインに合わせる．
left：画像を左寄せにし，その後に続くテキストは，画像の右側に書かれる．ブラウザ画面の右端になると折り返す．折り返しのキャンセルにはbrタグを使う．
middle：画像の中央とテキストの最下段を合わせる．
top：画像の最上段とテキストの最上段を合わせる．
right：画像を右寄せにし，その後に続くテキストは，画像の左側に表示され，画像近くになると折り返される．折り返しのキャンセルにはbrタグを使う．

(例1)
```
<img src="abc.gif"  align="left">
  文章1
<br clear="all">
  文章2
```
| 画像(abc.gif) | 文章1 |
| 文章2 | |

(例2)
```
<img  src="abc.gif" align="left">
<img  src="xyz.gif" align="right">
  文章1
```
| 画像(abc.gif) | 文章1 | 画像(xyz.gif) |

<br clear="all">でclear属性を指定することにより，それ以後の文章は回りこまないで表示される．もし，clear属性を指定しなければ，画像データの下に文章がきたところで自動的に回り込む．

　　border　　border="number"は，画像の周りに枠をつける．numberで指定した幅の枠がつく．

		numberの値を0にすると，枠はなくなる．
	height	height="number" は，画像の縦幅を指定．画像は自動的にこの幅に拡大あるいは縮小される．単位は，ピクセル．%をつけるとブラウザ画面の高さに対する比率となる．
	hspace	hspace="number" は，画像の左右に空ける空白を指定．単位は，ピクセル．%をつけるとブラウザ画面の幅に対する比率となる．
	src	src="画像ファイル名" は表示する画像ファイルを指定する．
	usemap	usemap="#IDname" は，〈map〉タグで指定した領域を元にクリッカブルマップを表示する．
	vspace	vspace="number" は，画像の上下に空ける空白を指定する．単位は hspace と同じ．
	width	width="number" は，画像の横幅を指定する．画像は自動的にこの幅に拡大あるいは縮小される．単位は，height と同じ．
	name	name="Name" は，名前を指定する．

クライアントサイドクリッカブルマップは，マップ設定を HTML ファイル内で記述し，この設定を画像タグ img の中で参照する．マップ設定環境を宣言するには，map タグを使う．

	〈map〉〜〈/map〉	〜の中にマップ設定を記述する．属性にマップの ID 名を入れる．クリッカブルに設定された画像タグはこの ID を探してクリッカブルマップの設定とする．実際の設定は area タグを使用する．
属性	name	name="IDname" は，この設定の ID を設定する．Img タグで指定するクリッカブル画像はこの ID を usemap により参照する．
	〈area〉	map 環境の中での設定を行う．
属性	coords	coords="x1,y1,[...]" は，指定された shape がどの座標に相当するかを指定する．座標は左上が原点(0,0)に対応する．rect の場合，左上の位置 x1,y1 と右下の位置 x2,y2 を指定するので，coords="x1,y1,x2,y2" の形式になる．circle の場合，中心点 x,y と半径 r が必

要なので，coords="x,y,r" の形式になる．polygon の場合，1点目 x1,y1，2点目 x2,y2，3点目 x3,y3，…と指定していく．最後の点と1点目の間は自動でつながるので同じ値にする必要はない．形式は coords="x1,y1,x2,y2,x3,y3,…,xn,yn" になる．

href
: href="URI" は，指定された範囲がクリックされたときにジャンプするリンク先 URI を指定する．href か nohref のどちらかを必ず指定する必要がある．

nohref
: 指定された範囲がクリックされても無視することを意味する．

shape
: shape="type" の値には，circle(円)，default(スタイルシートで指定したもの)，polygon(多角形)，rect(四角形)のいずれかを指定する．shape が省略された場合，rect がデフォルトとなる．

target
: target="name" は，href で指定したときのリンク先ターゲットを示す．

(例)
```
<p>
<img src="abc.gif" width=200 height=200 usemap="#amap">
</p>
<map name="amap">
<area shape="rect"  coords="0,0,200,100"  href="ab1.html">
<area shape="rect"  coords="0,100,200,200"  href="ab2.html">
</map>
```
abc.gif の画像内を上下2つの領域に分けて，それぞれ違うリンク先を指定する．

← ab1.html へリンク
← ab2.html へリンク
abc.gif

usemap には map タグで指定した name の値を指定する．同じ HTML ファイルの中にある amap というマップ設定を参照するのであれば，#amap，別ファイル maps.html にある設定を参照するのであれば，maps.html#bmap のように指定する．

7.4.7 表

表には，table タグを使う．

⟨table⟩〜⟨/table⟩　表の開始と終了

|属性| align　　align="center"　表の位置を中央に指定する．
　　　　　　　　left：左寄せ　　　right：右寄せ

　　　　bgcolor　bgcolor="#rrggbb" または bgcolor="Color"　背景色の設定

　　　　border　border="number" で枠の幅をピクセル値で指定する．borderを指定しないと枠なしで表示される．

　　　　cellpadding　cellpadding="number" で，セル内のテキストの両わきに空ける空白の大きさを指定する．単位は，ピクセル．%をつけると画面幅に対する比率となる．

　　　　cellspacing　cellspacing="number"　セルの間の間隔を指定する．

　　　　frame　frame="type"　表を囲む枠線を定義する．typeは以下のとおり
　　　　　　　above：上のみ　　　below：下のみ
　　　　　　　border：上下左右すべて
　　　　　　　box：上下左右すべて　　hsides：上下
　　　　　　　lhs：左のみ　　rhs：右のみ
　　　　　　　void：どこにも引かない（デフォルト）　vsides：左右

　　　　hspace　hspace="number"　表の左右に空ける空白をピクセル値で指定

　　　　rules　rules="type"　セルの間の線の引き方を指定．typeは以下のとおり
　　　　　　　all：縦横すべてに線を引く　cols：縦線だけを引く
　　　　　　　none：線は引かない（デフォルト）．
　　　　　　　rows：横線だけを引く

　　　　vspace　vspace="number" は，表の上下に空ける空白をピクセル値で指定する．

　　　　width　width="number" は，表の横幅を指定．表は自動的にこの幅に拡大あるいは縮小される．単位はピクセル．%をつけると画面の幅に対する比率となる．

table環境内では，以下のようなタグを使用することができる．

⟨caption⟩〜⟨/caption⟩　表のタイトルなどをつける．

|属性| align　　align="top" は，キャプションを表の上に表示する（デフォルト）

7.4 HTML

bottom：表の下　　left：表の左　　right：表の右

⟨colgroup⟩〜[⟨/colgroup⟩]　　カラムのグループ化を行う．環境内に0個以上のcolタグをもつ．

属性	align	align="left" は，コンテンツを表示する横位置を左側に指定する（デフォルト）．
		center：中央寄せ　　right：右寄せ
		char：char属性で指定した文字で合わせる
		justify：左右のマージンをもとに調整
	char	char="character" は，align属性で位置合わせするときに使う1文字を指定する．
	span	span="number" は，このグループに含まれるカラム数を指定する．colタグを環境内にもつ場合は無視される．
	valign	valign="middle" は，コンテンツを表示する縦位置を中央に指定する．
		baseline：ベースラインに合わせる
		bottom：セルの下に合わせる
		top：セルの上に合わせる
	width	width="number" は，このグループ内でのそれぞれのカラムのデフォルト幅を指定する．特別な値として0*を指定すると，最小限の幅を指定したことになる．

⟨col⟩　　カラムグループ内のそれぞれのカラムのデフォルト幅を指定する．⟨/col⟩はつかない．

属性	align	⟨colgroup⟩タグの属性と同じである．
	char	⟨colgroup⟩タグの属性と同じである．
	span	span="number" は，この後に続くcolタグに現在指定中のタグと同じ属性をつけるのに使用する．たとえば，値として3を指定した場合．
		⟨col align="center" span=3⟩
		⟨col⟩　　このタグはalign="center"を受け継ぐ
		⟨col⟩　　このタグはalign="center"を受け継ぐ
		⟨col⟩　　このタグは受け継がないので，デフォルトのlign="left"になる
	valign	⟨colgroup⟩タグの属性と同じである．

	width	width="number" は，カラムのデフォルト幅を指定する．特別な値として0*を指定すると，最小限の幅を指定したことになる．また，number*の形で，numberに数値を入れると，number個で表幅を分割した長さになる．
<tbody>～[</tbody>]		表の本体部分を示す．～の部分にtrタグが1つ以上入る．
属性	align	<colgroup>タグの属性と同じである．
	char	<colgroup>タグの属性と同じである．
	valign	<colgroup>タグの属性と同じである．
<tr>～[</tr>]		各行の始まりと終わりを示す．
属性	align	<colgroup>タグの属性と同じである．
	bgcolor	bgcolor="#rrggbb" または bgcolor="Color" 行の背景色を設定
	char	<colgroup>タグの属性と同じである．
	valign	<colgroup>タグの属性と同じである．
<td>～[</td>]		表の内容に対応するセル
属性	align	<colgroup>タグの属性と同じである．
	bgcolor	bgcolor="#rrggbb" または bgcolor="Color"
	char	<colgroup>タグの属性と同じである．
	colspan	colspan="number" は，複数列にわたる領域を作成する．numberは列数
	height	height="number" は，セルの縦幅をピクセル数，もしくはページ幅に対する率(％)
	nowrap	セル内のコンテンツの改行を抑制する．通常，ブラウザはセルの幅から表の幅を決め，適当な位置でコンテンツを改行するが，これを指定するとコンテンツは改行されない．この状態で改行をするときにはbrを使う．
	rowspan	rowspan="number" は，複数行にわたる領域を作成．numberは行数
	valign	<colgroup>タグの属性と同じである．
<th>～[</th>]		表の各カラムの見出しに対応するセル(太文字で表示される)．属性は<td>の場合と同じ

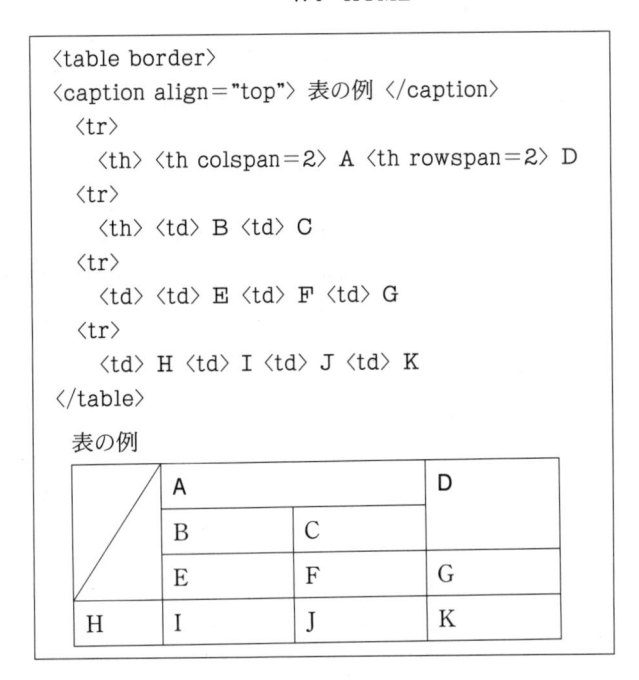

```
<table border>
<caption align="top"> 表の例 </caption>
  <tr>
    <th> <th colspan=2> A <th rowspan=2> D
  <tr>
    <th> <td> B <td> C
  <tr>
    <td> <td> E <td> F <td> G
  <tr>
    <td> H <td> I <td> J <td> K
</table>
```

表の例

	A		D
	B	C	
	E	F	G
H	I	J	K

　tableタグ環境内のthやtdタグの中でさらにtableタグを使うことが許されている．表の中に表を使うことで，colspanやrowspanだけではむずかしい表現も可能である．また，表で指定できるのは，文字列だけでなく，画像ファイル〈img src="abc.gif"〉なども指定できる．また，セル内での箇条書きなどもできる．

7.4.8　フレーム分割

　ブラウザ上の画面を分割して，左側に目次，右側に実際の内容という組み合わせができると，マニュアルの参照などで有効に活用することができる．このような機能をフレームと呼んでいる．

　フレーム環境はframesetタグを〈body〉の代わり，あるいは〈body〉の外側で定義する．この環境内でframeタグとnoframesタグを使い，実際に表示するファイルの参照などを行う．

〈frameset〉〜〈/frameset〉　フレーム環境の作成．属性としてrows, colsのどちらかをとる．フレーム環境の中で，さらにframesetを使ってより細かく画面を区切ることも可能である．

|属性|　border　　　border="number"　フレームを区切るボーダーライ

		ンの幅をピクセル値で指定する．
	bordercolor	bordercolor="#rrggbb" または bordercolor="#Color" ボーダーラインの色を指定する．
	cols	cols="number,[number[,...]]" 横に画面を分割するための指定．左側の画面をブラウザ画面全体の横幅の30%，中の画面の20%，右側の画面を50%にしたい場合，cols="30%,20%,50%" とする．また，上下に分割したいときに，下側の画面は必ず100ピクセルの大きさにしたいときは，rows="*,100" と指定する．これにより，下側は必ず100ピクセルになり，残りが上側の画面になる．
	frameborder	frameborder="yes/no" はフレーム同士を区切るボーダーラインをつけるかどうかを指定する．yes を値にするとボーダーラインあり，no を値にするとボーダーラインなしになる．
	rows	rows="number,[number[,...]]" は，縦に画面を分割することを指定する．方法は cols と同じ．
⟨frame⟩		フレーム環境内でどのようにページを表示するかを決める． frame タグは frameset タグの rows や cols で指定した順に設定を記述する．
	border	border="number" ボーダーラインの幅をピクセル値で指定．値を0にすると，ボーダーラインなしとなる（frameborder="no"と同じ）．
	bordercolor	bordercolor="#rrggbb" または bordercolor="Color"
	frameborder	frameborder="yes/no" はフレーム同士を区切るボーダーラインをつけるかどうかを指定する．
	marginheight	marginheight="number" フレームの上下に空ける空白幅を指定する．
	marginwidth	marginwidth="number" フレームの左右に空ける空白幅を指定する．
	name	name="ID" は，a タグによってリンクされるときの参

7.4 HTML

照 ID 名を指定する．目次側のフレームをクリックしたら本文側のフレームが更新される，といった使い方をするときに必要．

noresize noresize を指定すると，ブラウザの大きさを変更してもこのフレームはリサイズされない．

scrolling scrolling="yes/no/auto" は，このフレームのスクロールバーの表示/非表示を設定する．値には次のいずれかを指定する．

auto：ページがフレームより大きくなったらスクロールバーをつける(デフォルト)．

no：たとえページがフレームに入りきらなくてもスクロールバーをつけない．

yes：常にスクロールバーをつける．

src src="URI" このフレームに表示するファイルを指定する(必須)

(例) 左側に目次，右側に本文というフレームセットを作成する．目次の項目でリンクしたときに更新されるのは右側の本文のフレームとなる．frameset をもつファイル(仮に index0.html)を作成する．目次用ファイルは index1.html，本文用ファイルは sec0.html, sec1.html, sec2.html とする．index0.html は次のようになる．

```
<html>
<!--index0.html-->
  <head>
  <title>フレームの例 </title>
  </head>
  <frameset cols="20%,80%">
    <frame src="index1.html" name="ind1"><!--目次-->
    <frameset rows="90%,10%">
      <frame src="sec0.html" name="sec"><!--本文(はじめは表紙などを
        表示)-->
      <frame src="other1.html" name="ot1"><!--その他-->
    </frameset>
  </frameset>
</html>

index1.html の内容例
<html>
  <head>
    <title>目次 </title>
  </head>
  <body>
  <ul>
    <li><a href="sec1.html" target="sec">1章 </a></li>
    <li><a href="sec2.html" target="sec">2章 </a></li>
    ………
  </ul>
  </body>
</html>
```

	20%	80%	
	目次	本　文 "sec"	90%
	"ind1"	"ot1"　その他	10%

　フレームを使っているページからフレームを使っていないページにリンクするときには，aタグのtargetにtopまたは_topを指定する．

　　　　　　<a href="URI" target="top">：新しいウィンドウを開いてそこにリンク先のファイルを表示する．

　　　　　　<a href="URI" target="_top">：新しいウィンドウを開かず，同じウィンドウを更新する．

　またフレームの中をさらにフレームで分けているような入れ子のフレームのうち，親(1つ上位)フレームにあたる部分のフレームセットを変更したいときには，_parentを値として指定する．これらを指定しない場合，_selfが指定され

たものとみなして，ブラウザはリンク元となったフレームにリンク先のファイルを表示する．

7.4.9 音楽

音声・音楽ファイルも a タグでリンクすることができるが，バックグランドミュージック(BGM)をそのページに流す場合には，bgsound タグを使う．

<bgsound> 　　　　　　バックグランド音楽を設定する．</bgsound> はつかない．

|属性| loop 　　　　loop="number" は，サウンドのくり返し回数を指定する．infinite にすると無限ループ．

　　　　src 　　　　src="URI" は，サウンドファイルの URI を指定(必須)．

AU フォーマット，WAV フォーマット，標準 MIDI フォーマットなどが標準で利用できる．その他のフォーマットに対しては，ブラウザ側にプラグインなどが必要となる場合がある．

7.4.10 その他

<address>〜</address>　ページ作成者に関する情報の表示とみなす．通常，メールアドレスや URI などの表記に使う．多くのブラウザではイタリック体で表現する．

<pre>〜</pre>　その範囲内における改行，空白をそのまま適用して表現する．プログラムソースなどの勝手に整形表示されては困るものを表示するときに使う．タグや後述の実体参照は反映される．多くのブラウザでは固定幅フォントで表現するのが多い．

<div>〜</div>　その範囲のドキュメント構造をブロック単位で定義する．

|属性| align 　　　　ブロック単位での位置を指定する．

　　　　align="left" 左寄せ　　　　center：中寄せ
　　　　right：右寄せ　　　　justify：マージンを元に調整

<del>〜</del>　テキストが「削除」されたものであることを示す．このタグに対応しているブラウザでは，そのテキストを表示しない．

<center>〜</center>　その範囲内の文字をセンタリングする．ただし，このタ

グは推奨されていない．〈div〉タグを使うことが推奨されている．

Internet Explorer では，マーキーと呼ばれるスクロールメッセージを表現することができる．

〈marquee〉〜〈/marquee〉　メッセージ〜をスクロールして表示する．ただし，Internet Explorer のみで有効．

|属性|　behavior　　behavior="type"　スクロールの状態を設定する．値は次のようなものがある．

　　　　　　　　　　　　alternate：スクロールが端に行くたびに方向を反転する．

　　　　　　　　　　　　scroll：1方向へのスクロールをくり返す(デフォルト)．

　　　　　　　　　　　　slide：一度だけ1方向にスクロールする．

　　　　bgcolor　　bgcolor="color"　の形で，マーキーの背景色を指定

　　　　direction　direction="direction"　スクロールの方向を指定

　　　　　　　　　　　　left：　左方向にスクロール(デフォルト)

　　　　　　　　　　　　right：　右方向にスクロール

　　　　height　　height="number"　マーキーの高さを指定

　　　　hspace　　hspace="number"　マーキーの左右に空ける空白を指定

　　　　loop　　　loop="number"　スクロールを何回くり返すかを指定．無限ループの場合は，infinite を指定．

　　　　scrollamount　scrollamount="number"　一度の書き換えに進むピクセル数を指定．

　　　　scrolldelay　scrolldelay="number"　書き換えの間隔をミリ秒で指定．

　　　　vspace　　vspace="number"　マーキーの上下に空ける空白を指定する．

　　　　width　　width="number　マーキーの幅を指定

スクロールメッセージは，このほか，JavaScript を利用してもできる．

〈multicol〉〜〈/multicol〉　テキストを段組化して表現(一部のブラウザのみ対応)．

|属性|　cols　　　cols="number"　段組数を指定．2を値にすると2段組

7.4 HTML

	gutter	gutter="number" で，段組間の空白をピクセル値で指定．デフォルトは 10
	width	width="number" で，カラム幅をピクセル値で指定．指定しない場合には，自動的に画面幅いっぱいを使うように計算が行われる．1つ1つのカラムに個別に割り当てることはできないので，すべてのカラムが同じ幅になる．

⟨spacer⟩　　指定した個所に任意の空白を挿入する(一部のブラウザのみ対応)．

属性	type	type="type"　どのようなタイプの空白にするかを決定する．
		block：ボックスタイプの空白を作成．画像の代わりに空白が入るようなものと考えればよい．height と width を指定しなければならない．
		horizontal：横方向に空白を作成．size を指定しなければならない．
		vertical：縦方向に空白を作成．size を指定しなければならない．
	align	align="Justificaion"　でその後に続くテキストの位置を指定する．
		absbottom：空白の最下段をベースラインに合わせる．
		absmiddle：空白の中央をベースラインに合わせる．
		baseline：空白の最下段をベースラインに合わせる．
		bottom：空白の最下段とテキストの最下段を合わせる．
		left：空白を左寄せにし，その後に続く文は，右端になると折り返される．
		middle：空白の中央とテキストの最下段を合わせる．
		top：空白の最上段とテキストの最上段を合わせる．
		right：空白を右寄せにし，その後に続く文は，空白の近くになると折り返される．
	height	height="number" で空白の縦幅をピクセル値で指定する．
	size	size="number" で空白の幅をピクセル値で指定する．

width	width="number" で空白の横幅をピクセル値で指定する．

7.4.11 実体参照

HTML文書の中では，<>のような記号は，タグとして使われるので，そのままでは表示できない．そこで，実体参照と呼ばれる，別の表記が定義されている．

表 7.3

記号	実態参照	記号	実態参照	記号	実態参照
<	&lt;	>	&gt;	空白	
&	&amp;	§	&sect;	©	&copy;
×	&times;	÷	&divide;	"	&quot;

7.4.12 HTMLの問題点など

HTMLはいままでに何度となくバージョンアップをくり返し，多くの機能が付加されてきた．しかしまだ，いくつかの問題点も残っている．

① ページを記述する機能がない．ブラウザで見る場合にはこれでもよいが，プリンタに出力する場合などに問題が生じることがある．たとえば，表や図などが出力ページの改ページで分割されてしまったりすることがある．

② タグ自身はどのように表示するのかを指定してはいるが，そのコンテンツ自身の意味は示していない．たとえば，Web文書の中であるカテゴリ（たとえば，人名など）に関してのみ検索しようと思っても，そのカテゴリに対応するタグがないので，全文で検索しなければならない．

③ ②と関係するが，ユーザが自由にタグをつくれない．

④ 高度な数式表現ができない．

②と③に関してはXMLというMarkup Languageがつくられた．これは文書記述言語であるSGMLをスリム化してWeb対応版としたものである．このXMLを利用すれば，上記の問題点は解決できる．XMLについてはhttp://www.w3.org/XML/を参照せよ．また，④に関してはMathMLの規格が制定された．くわしくは，http://www.w3.org/Math/またはhttp://www.w3.org/TR/REC-MathML/を参照せよ．

XML：Extensible Markup Language

SGML：Standard Generalized Markup Language

MathML：Mathematical Markup Language

7.5 ネットワーク

インターネットの利用には，当然のことながらネットワークにコンピュータがつながっていなければならない．まず，どのようにインターネットに接続しているかをある1つの例にとって説明しておく．その組織内のコンピュータは Ethenet(10 Mbps，100 Mbps，1 Gbps)，FDDI(100 Mbps)，ATM(155 Mbps)といったネットワークで互いに結ばれている．このように1つの組織内のネットワークを LAN という．この LAN は 7.1 節で述べたように SINET とか WIDE などのノードと呼ばれるところと接続しているか商用のネットワークプロバイダと呼ばれているところに接続している．また，小規模な商用プロバイダが地域ごとに設立され，個人レベルでもインターネットに加入できるようになった．

LAN : Local Area Network

さて，組織などがインターネットに接続するためには，一般には専用回線で行う．前にも述べたように大学の場合，その大学とノードの間は，スーパーデジタルと呼ばれる専用回線で結ばれているのが普通である．専用回線では定額制で毎月一定の料金を払えば，いくら利用してもかまわない．ただし，5 Mbps くらいの回線であれば，個人レベルで払えるような額ではない．

そこで，個人が接続する場合は，電話回線でモデムを介して接続するか，ISDN などを利用することになる．また，最近ではインターネット接続料金と電話料金が込みになったものや，時間単位の従量制から一定料金を払えば，使い放題という定額制などのさまざまなサービスが，インターネット接続(プロバイダ料金)に関してはある．

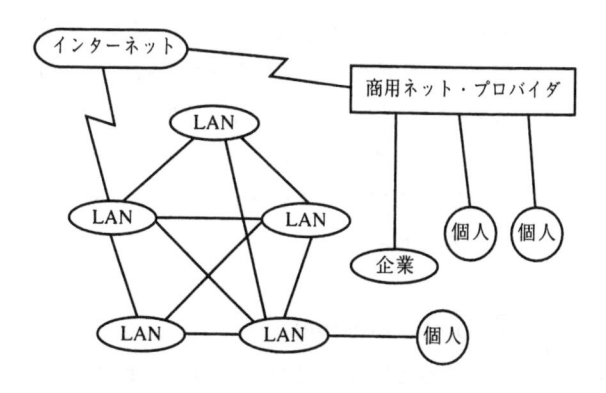

図 7.5 コンピュータネットワーク網

一方,電話料金に関しては,各種割引制度はあるが,諸外国に比べてかなり割高であることが指摘されている.いずれにしてもインターネットで,マルチメディア情報を送受信する場合は,この回線の太さが大きな問題となる.細いとデータのやりとりに相当の時間がかかってしまう.かつて全国的に電話回線がはりめぐらされたのと同じように,より太い回線で全国的にネットワークを張り巡らすというインフラストラクチャの必要性がさけばれているのはこのためである.表7.4からわかるようにアメリカでは,CATVがすでにかなり普及しているので,この回線が利用されているが,日本でも同様な試みが行われ始めた.ただし,日本の場合,アメリカほどCATVが普及していないといった問題もある.

表7.4 各国のCATV普及率

	国 名	加入世界数(万)	加入率(%)		国 名	加入世界数(万)	加入率(%)
1	アメリカ	5880	62	7	アルゼンチン	490	54
2	中国	3000	11	8	ベルギー	359	92
3	ドイツ	1465	39	9	スイス	224	87
4	日本	834	19	10	メキシコ	200	13
5	カナダ	799	78				
6	ニュージーランド	570	88				

(National Cable Television Association, "INTERNATIONAL CABLE Spring 1995"より)

7.6 LAN

マルチメディア情報を活用するためには,コンピュータネットワークは必要不可欠であり,特にインターネットと接続することで,良い悪いは別にしてさまざまなマルチメディアとの出会いを楽しむことができる(もちろん,マルチメディアはコンピュータネットワークによるものだけではないが).一般に組織などでコンピュータをネットワークに接続するためには,組織内のLANに接続することになると思われるので,LANでの接続について簡単に概説しておこう.また,最近では複数のPCをもつ家庭も増えてきており,それらをインターネットに接続するためにダイヤルアップルータを導入し,家庭内LANを構築しているところもある.

7.6.1 Ethernet

CSMA/CD：Carrier Sense Multiple Access with Collision Detection

もともとは商品名だったが,いまでは,一般的な言葉として使われている.CSMA/CD方式とかIEEE 802.3と呼ばれることもある.同軸ケーブルを利用

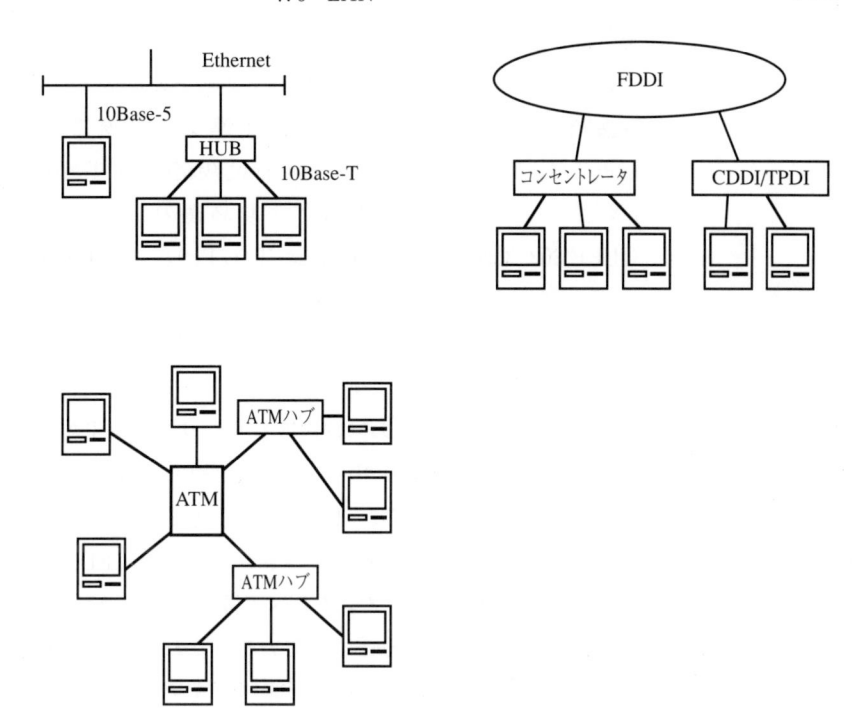

図7.6 LANの構成

したコンピュータネットワークで回線速度は，10 Mbps である．昔は，黄色のケーブルを使っていたので，イエローケーブルといっていたが，現在は，黄色以外の色のケーブルも使われている．Ethenet とコンピュータを結ぶためには，以下の2つの方法がよく利用されている．

Ethernet ケーブルにトランシーバを接続し，そこからトランシーバケーブル(10 Base-5)でコンピュータと接続するもの．この場合，マルチポートトランシーバというものを使えば，複数のコンピュータを接続できる．もう1つは，トランシーバケーブルの先に HUB と呼ばれる機器を接続し，そこから 10 Base-T と呼ばれる電話線と同様なツイストペア線(UTP)でコンピュータに接続する方法である．

UTP：Unshielded Twist Pair cable

特に，10 Base-T を用いた方は接続部が，電話と同じ形態のモジュラージャックとなっているために扱いが簡単であるのでよく使われている．また，部屋にも電話の口と同じように情報コンセントとして口を設置しておくことが可能なので，こういう点からも普及している．最近のワークステーションなどでは，10 Base-5, 10 Base-T のインターフェースをどちらも備えているものがほとんどで

ある．

また，PCなどでは，ネットワークボードが必要となるが，その場合もどちらで接続するかによってボードの種類も違ってくるので注意が必要である．さらに最近では，100 Mbps の fast Ethernet 規格の 100 Base-TX(UTP) と 100 Base-FX(光ファイバケーブル)や，より高速の 1 Gbps のギガビット Ether 規格(IEEE 802.3 z)である 1000 Base-T(UTP)，1000 Base-SX/LX(光ファイバケーブル)などもある．

7.6.2 FDDI

FDDI：Fiber Distributed Data Interface

FDDI は，100 Mbps の回線速度をもつリング型 LAN の規格である．LAN 接続は，光ケーブルによりループ状に張り巡らされる．そのループの数箇所にコンセントレータと呼ばれる，HUB と同じ役目をもつものが配置され，そこから各コンピュータと光ケーブルで接続される．また，FDDI には，光ケーブルではなく，UTP-5 と呼ばれるツイストペア線とモジュラージャックで接続する方法もある．これは，CDDI と呼ばれている．これだと Ethernet の 10 Base-T と同様に簡単な接続で，100 Mbps の回線速度を実現でき，情報コンセントを UTP-5 規格の線で張っておけば，10 Base-T でも CDDI でも両方を使い分けることが可能である．光ケーブルの場合は，接続やとり回しにそれなりの技術が必要となるが，CDDI ではその必要がない．

UTP-5：UTP category 5

CDDI：Cupper Distributed Data Interface

7.6.3 ATM

ATM：Asynchronous Transfer Mode
WAN：Wide Area Network

ATM(非同期転送モード)はもともと WAN 用に考え出された技術であるが，LAN にも利用できるということで，最近注目されているものである．転送速度は現在 155 Mbps が一般的であるが，将来的には，622 Mbps，2.4 Gbps の速度まで可能な規格である．FDDI との違いは，ループ状に構成することも可能であるが，一般には，スター状に張られる．中央に大きな ATM 交換機をおき，その先に ATM ハブをおき，コンピュータと接続する．コンピュータとの接続は光ケーブルでも UTP-5 のケーブルでもどちらも可能である．ATM のもう 1 つの大きな利点は，この回線は，コンピュータネットワークでなくても従来の電話回線や，CATV のような NTSC ビデオ信号なども同様に通信できるという点である．

そのため，コンピュータネットワークの現在の標準的なプロトコルである TCP/IP とは違うプロトコル(ATM プロトコル)を使っている．そこで，ATM 上に TCP/IP の情報を流すためには，LAN エミュレーションか IPoverATM

7.7 ISDN

という方法を用いなければならない．当初この ATM 技術が，LAN だけでなく WAN にも利用されること，および回線速度が速いといったことから将来のマルチメディア社会にとって重要なキーポイントになるであろうと期待されていたが，ギガビット Ether などの出現により，予想したほど普及していないのが現状である．

このほかにも高速 LAN はいくつか存在するが，いずれにしてもマルチメディアとコンピュータネットワークは切っても切れない関係があり，今後ますます発展していくものと思われる．

7.7 ISDN

B-ISDN：Broad-band ISDN

FTTH：Fiber To The Home

NTT では，B-ISDN（広帯域 ISDN）の一貫として家庭まで光ケーブルを敷設する計画 FTTH を進めており，2010 年ころまでには完成する予定である．しかし，ここ数年のマルチメディア，インターネットの急激な需要から，FTTH では間に合わず，個人レベルでは INS ネット 64（64 または 128 kbps）と呼ばれる ISDN サービスを利用するかアナログ電話回線を利用することになる．これらは，接続先に電話をかけて通信を行うという形態なので，ダイアルアップ接続とも呼ばれている．最近では，マンションの付加価値として，インターネット接続のための情報コンセントを最初から設置して売り出されているのもあるくらいである．

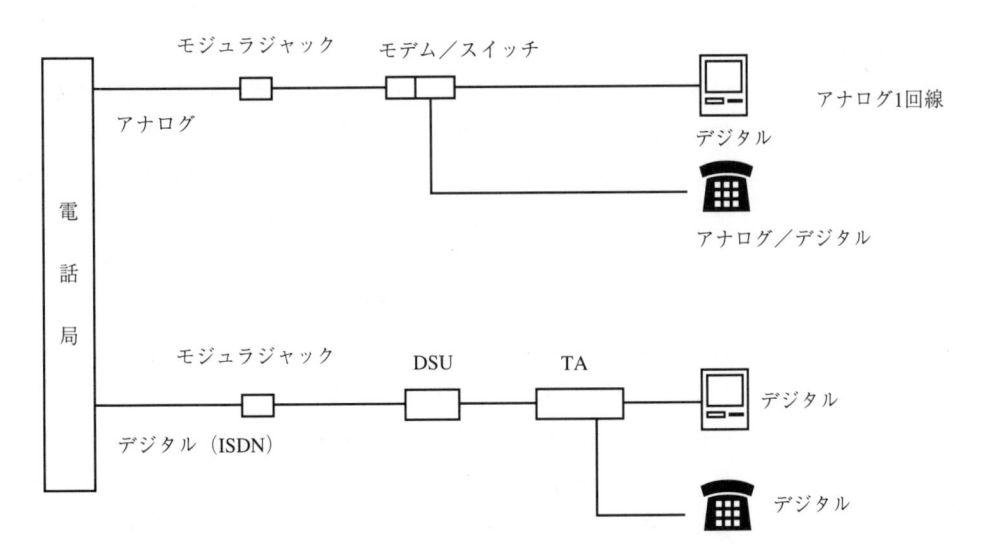

図 7.7 電話回線によるインターネット接続例

INSネット64(または単にINS 64)は，デジタル回線であり，電話回線は普通の電話で用いられているアナログ回線である．アナログ回線でコンピュータに接続する場合には，モデムというものが必要になってくる．このモデムはアナログ信号とデジタル信号を変換するものである．1つの回線で，従来の電話とコンピュータ接続を共有するのであれば，切り替えスイッチも必要となるが最近のモデムには，それが内蔵されているものがほとんどである．アナログ回線を使用した場合は，モデムの性能によって回線速度が違うが，現在最も速い回線速度に変換するものは，V.90規格の56 kbps(ダウンロード時)である．ただし逆方向(アップロード)に対しては33.6 kbpsである．

一方，INS 64はその名のとおり64 kbpsの回線速度をもち，回線品質も安定している．INS 64の場合は，この64 kbpsの回線(Bチャネル)が2回線と16 kbpsの回線(Dチャネル)が1回線の計3回線が1本のケーブルで利用できる．普通は，コンピュータ回線と電話回線を2つのBチャネルにそれぞれ接続することになるが，電話回線を必要としない場合は，2つのBチャネルをコンピュータに割り当て，実質128 kbpsの回線速度にすることもできる．デジタル回線の場合は，DSUと呼ばれる終端装置(同期，速度変換など)とTAと呼ばれるターミナルアダプタ*が必要になる．

DSU：Digital Service Unit

*ISDNに対応していない端末機器をISDN対応にするための情報形式変換を行う

従来は，これらの機器が高価であったが，最近は廉価なものも多数でまわっている．回線の基本料金は，アナログに比べて多少高いが，通話料金はどちらの場合も同じである．ただし，料金は，チャネルごとに課金されるので，Bチャネルを同時に2回線利用する128 kbpsの回線速度を利用した場合は2倍の通話料金がかかるということになる．INS 64の良い点は，各種割引サービス*を行っていることである．たとえば，夜間(23：00～8：00)のみであるが，この間の通話料金は，月額固定でその間いくら通信してもかまわないというものである．ただし，この時間帯にインターネット上のトラフィックが集中してなかなかアクセスできないといった問題も生じているようである．

*テレホーダイやiアイプランなど

また，一定時間までの利用に対して半額程度の割安な定額制で利用できるサービスや，額はやや高めだが，定額制で使い放題というのもある．ただし，接続先は1箇所のみの指定となる．INS 64回線を利用する上での欠点は，TAが故障したときや停電時に電話が利用できなくなるということである．

従来のアナログ回線であれば，停電などとは無関係に電話だけは利用できたわけであるが，TA自身の機能がストップしてしまうとそれにつながっている電話をはじめとする端末機器も利用できなくなる．もし，ISDNに電話を接続する必要がないのであれば，ISDNカードをコンピュータ側に装着してTAを介さな

7.8 マルチメディアネットワークシステム

いで接続するというパターンもある．

ADSL：Asymmetric Digital Subscriber Line

また，普通の電話回線を利用して高速通信を行う ADSL というサービスも始まった．これは，送信と受信で伝送速度が違うことや，電話局との距離が近くなくてはならないといった問題もあるが，新たに工事をしなくても高速通信が可能となることから注目されている．

さらに，最近では携帯電話を通してプロバイダに接続し，その携帯電話を PC に接続することで，いたるところからインターネット接続が可能になっている．また，携帯電話自身にインターネット接続する機能（i モードなど）をもつものまで現れた（ただし，アクセスできるのは電子メールや i モードに対応したサイト）．

さて，PC をインターネットに接続する場合は，機器の電話回線への接続ができてもインターネットにすぐにつながるわけではない．通信するためのソフトウェアも必要になってくる．ダイアルアップ接続の場合，これは PPP というソフトで行う．PPP は，電話回線（デジタルもアナログでも）上でパケット通信（データをパケットと呼ばれる単位に分割して指定されたアドレスのところと通信する）を行うためのもので，一般的には TCP/IP で利用される IP パケットを送受信する．

PPP：Point-to-Point Protocol

7.8 マルチメディアネットワークシステム

コンピュータでマルチメディアを活用するためには，どのようなシステムを構築するべきかを検討することはかなり大変な作業である．技術的な問題や1年間にどんどん変わっていくハード，ソフトウェアの世界にある程度対応させなければならないなどの問題もある．ここでは，あくまでも一例としてどのような機器をとりそろえるべきかを簡単に見てみる．

7.8.1 ワークステーション，PC

まずは，コンピュータ本体であろう．この場合は2つに分けられる．1つは利用者が不特定多数なのか，個人レベルの数人なのかである．不特定多数であるならば，ファイルサーバというファイルの管理を専門に行うマシン（ワークステーション）を導入したほうがよい．個人レベルで利用する端末は，ワークステーションでもPCでもどちらでもよいであろう．比較的数人が利用するシステムであるならば，各端末にハードディスクを組み合わせて利用するということも考えられる．個人などで行う場合は，むしろこの方が一般的である．

さて，次にできるかぎりネットワークに接続した方がよい．これも環境によってまちまちであるが，もし，そこに LAN が通っているのであれば，LAN につなぎ込む．そのためには，ネットワークボードとネットワークケーブルなどが必要になる．また，自宅などから，電話回線を利用してネットワーク接続するのであれば，ネットワークボードとモデムが必要となる．

ところで，各家庭でのコンピュータの設定に不安を覚える人も少なくないであろう．実際，付属の OS やソフトなどがすべてインストールされていて，買ったその日からインターネットができると宣伝されているものでも，まったくコンピュータを知らない人にとってはむずかしい作業ということになるであろう．しかし，実際には「案ずるより生むが易し」である．また，コンピュータとなると家電製品に比べれば決して安くないが，最近は 10 万円をきる廉価なものも多く出てきている．

7.8.2　プリンタ

プリンタは必ずなくてはならないというものではないが，あると便利である．マルチメディア情報を扱う場合は，カラープリンタをぜひ用意したい．ネットワークに接続するカラーレーザプリンタから，PC に直接接続するインクジェット方式のものまで多種多様である．

7.8.3　スキャナ，デジタルカメラ，フィルムスキャナ

画像データを取り込むためのものである．スキャナはコピーをとる感じで画像を取り込むことができる．また，デジタルカメラは写真を撮る感覚である．これらは，用途によって使い分けが必要で，デジタルカメラがあれば，スキャナはいらないということにもならない．フィルムスキャナは，普通のカメラで撮影したカラーネガ (35 mm) から画像を直接読み込むもので，これもあると便利かもしれない．

7.8.4　スピーカ，マイク，ビデオカメラ，MIDI 機器

最近のマルチメディアパソコンと銘打ったものにはスピーカや，マイクがついているものがほとんどである．ワークステーションに関してもデフォルトでついているものも多い．また，電子会議システムなどを利用する場合は，ビデオカメラなども必要となるが，そのためには，ビデオボードが必要となる場合もある．逆にコンピュータ側で作成した映像情報をビデオデッキにとるためには，マルチスキャンコンバータが必要となる．あと本格的に音響情報を扱うのであれば，

MIDI機器や音源ボードなども必要となるかもしれない．

7.8.5 CD-ROM, VTR, DVD

マルチメディアブームのきっかけをつくったのが，CD-ROMである．従来の文字情報のみの世界から，音声，画像情報を1枚の小さなディスクに同時に収めることができたからである．そういう意味でも，CD-ROMはあった方がよい．もちろん最近のPCには標準でついているのがほとんどである．

さらに最近ではDVD-ROMがついているものもある．この場合はCD-ROMも同時に利用できるのが一般的である．CD-ROMの場合，数連奏ドライブから数十連奏ドライブまで，一度に複数枚のCD-ROMを装着できるものもある．さらに，自分でCD-ROMを作成するのであれば，CD-R/RW(640 MB)というのもある．昔はかなり高価であったが，いまではかなり安くなってきている．

また，CD-R/RWのかわりにMO(光磁気ディスク：230 MB/640 MB/1.3 GB)ということも考えられる．特にマルチメディア情報を扱う場合は情報量が大きくなりがちであるので，ハードディスクのほかに，このような大容量メディアがあるとよい．6章でもみたように最近は，1 GB/2 GBのJazやより手頃な100 MB/250 MBのZipというものもある．さて，CD-ROMは，既成のマルチメディア情報が収められているわけであるが，そういう意味では，VTRやDVDなども接続するといろいろな利用が可能となる．

7.8.6 ソフトウェア

ソフトウェアに関しては，種類も数多くバラエティに富んでいるので，ここですべてあげるのは無理である．そこでここでは，基本的なものについてあげておく．

① OS…これは必須である．Windows, Macintosh, Unix, Linuxなど各種存在しているが，すべてのアプリケーションがこれらのOSすべてに対応しているとはかぎらないので注意が必要である．
② Office環境…ワープロ，表計算，簡易データベースなどであるが，特にマルチメディアでなくても必要なものである．
③ ドロー系グラフィックスツール
④ 画像処理ソフトウエア…画像処理(ノイズの除去，コントラスト修正，拡大縮小，フォーマット変換)が簡単にできるもの．
⑤ WWWブラウザ
⑥ アーカイブファイルの圧縮伸張ツール

⑦　サウンド編集ツール…音楽データの録音・再生・編集が可能で，各種音楽フォーマットの変換ができるもの．
⑧　ビデオ編集ツール
⑨　オーサリングツール(マルチメディアコンテンツの作成)
⑩　PDF作成ツール
⑪　MIDIシーケンサ
⑫　日本語OCR
⑬　プログラミング言語(C/C++，Java，Fortran，Perl，etc.)
⑭　ftpクライアント
⑮　MPEGプレイヤ

ケースバイケースで上記すべてを揃える必要がない場合や，これ以外にも必須であるという場合もあるであろう．あくまでも上記リストは1つの例だと考えていただきたい．また，OSにも依存するが，これらのいくつかは，フリーウェアとしてインターネットから得られるものもある．

7.8.7　その他，特殊用途

ジョイスティック，タッチパネル，センサ(動き，距離，温度，音)，ヘッドマウントディスプレイ(virtual reality)，データグローブ(グローブをはめた手の動きをコンピュータに伝える)などもある．

8章 電子図書・電子図書館

8.1 CD, CD-ROM

CD：Compact Disc

すでに知ってのとおり音楽用CDはレコードにとってかわり音楽用記録媒体として主流を占めている．このCDの歴史は比較的浅く1982年に発売が開始された．さらにその後，1985年には音楽情報のみでなく文字情報，映像，画像も記録するCD-ROMの出現によってマルチメディア情報を記録するコンパクトな媒体として注目を集めるようになった．特に，図書館関連では電子図書への展望やさらに発展した電子図書館・ディジタルライブラリといったものが本格的に議論されている．マルチメディアとCD-ROMはある意味では切っても切れない関係にある．歴史的には，レーザディスク(LD)が映像を記録する媒体として出現して，そのあとにCDが開発されたわけである．

CD-ROM：CD-Read Only Memory

CDの記録原理は6章で説明したの光ディスクと同じである．CDは直径12cmの光ディスクでCLVすなわち線速度が一定である*．材質はLDではアクリルであるが，CDではポリカーボネイトが使われている．再生時間は最大約74分であり，これはベートーベンの第9交響曲を1枚に収めるために決められたという逸話がある．

CLV：Constant Linar Velocity

＊レコードは毎分33.3回転の角速度一定，LD［映像記録用の30cmレーザディスク］はCLVとCAV(角速度［回転数］一定＝Constant Angular Velocity)の両方がある．

一方，CD-ROMは容量650 MBでこれを文字数で考えると漢字1文字あたり2バイト必要であるので，約3億7000万文字以上記録できることになる．もっとも3億7000万といってもピンとこないが，新聞であれば朝夕刊あわせてもゆうに1年間分以上の記事が収まる．CD-ROMもCDと同じ物理的規格をもつので，やはり線速度一定のCLVのみである．回転数は250〜530回転/分である．CD-ROMの出現当時は大容量の媒体としてデビューしたわけであるが(現在も大容量であるとの認識は変わらないが)，現在では，デジタル映像を記録するためには不十分であり，より容量の大きいDVDが出現した(4章参照)．

ピットの間隔(トラック幅)はLDでは1.67 μm であったが，CD/CD-ROMで

```
         81  82  83  84  85  86  87  88  89  90  91  92  93  94  95
CD-DA ─────────────────   CD-V    CD Single
Red Book                  （Red Book拡張）

         CD-ROM ──────── CD-ROM XA ────── Photo CD
         Yellow Book     Yellow Book拡張   （Yellow/Orange
                                           Book拡張）
                                    Writable CD
                                    Orange Book
                  CD-I                                      ビデオCD
                  Green Book ·······························  White Book
```

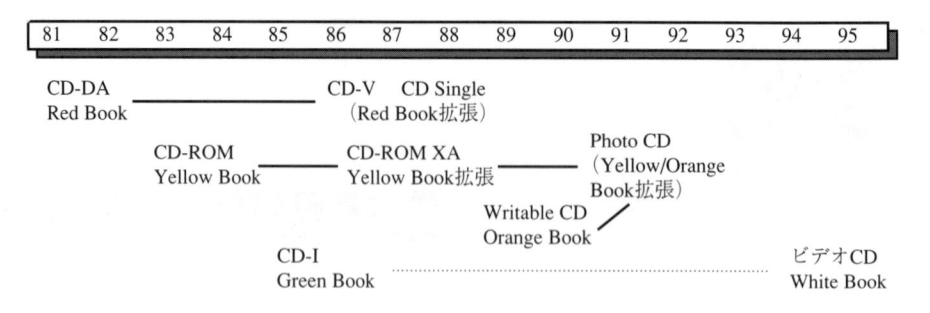

図 8.1　CDの規格の流れ

は 1.6 μm となっている．また，片面しか記録されないのも LD と違う．物理的な規格はフィリップス／ソニーによって定められている．一方，論理フォーマットは，いくつか存在している．最近の CD ドライブ付のコンピュータはいくつかの規格に対応したものがほとんどであるが，中には，規格が違うということで，利用できないソフトもあるので，注意が必要である*．以下に論理フォーマット規格の一覧を示しておく．また図 8.1 にはこれらの規格の流れを示しておいた．

  HFS（Apple；Hierarchical File System）　ISO9660（CD-ROM）
  High Sierra　　　　　　　　　　　　　　　CD-ROM XA（PhotoCD）
  CD-G　　CD-MIDI　　　　　　　CD-I　　　　CD-V

また，同じ原理で直径 8 cm の CD-ROM もある．特に**電子ブック**と呼ばれるものは，1991 年，国際統一規格が IEBPC により完成し，この規格の CD-ROM ならどの電子ブックプレーヤでも利用できるようになった．CD の物理フォーマットは，大きく分けて 2 つに分類できる．1 つは，CD-DA でもう 1 つは CD-ROM である．CD-DA の規格書の表紙が赤かったために Red Book と呼ばれることがある．また，CD-ROM のほうは Yellow Book と呼ばれている．

 論理フォーマットはいくつかの種類に分かれている．まず物理フォーマットとして CD-DA 規格のもので，音楽用 CD 以外に CD-G（Graphics），CD-EG や CD-MIDI といったものもある．CD-G は，カラオケなどで使われているが，CD-DA の誤り訂正符号を記録する場所にグラフィックスのデータを書き込んだものである．CD-EG は CD-G の拡張したものでほとんど同じである．これらは，CD-G 対応の専用の CD プレーヤが必要となる．また，CD-MIDI はグラフィックスのかわりに MIDI 情報を書き込んだもので，これも CD-MIDI に対応した機器が必要となる．

---

*現在のパソコンやワークステーション上で使われる CD-ROM は ISO 9660（1988）で規定されたファイルフォーマットに準拠したものがほとんどである

電子ブック

IEBPC：International Electronic Book Publishers Commitee

CD-DA：CD-Digital Audio

CD-ROM：CD-Read Only Memory

Red Book：IEC 908

Yellow Book：ISO/IEC 10149

8.2 CD-I, CD-V

　CD-ROM の規格は最初それがクローズドシステムであったため，他の CD-ROM との互換性がとりにくかった．そこで，これを改良するために CD-I が提案された．CD-I は基本的には CD-ROM をもとにした家庭用，教育用などのための規格ともいえる．CD-I の場合 CD-I 規格にのっとった CD-I プレーヤを使えば，家庭用テレビなどでも使うことができる．ただし ISO 9660 との互換性が完全でないために，普通の CD-ROM ドライブでは逆に利用できない．そこで，CD-I の規格から，ハードウェアに依存する部分を取り除いたのが，CD-XA と呼ばれる規格である．これは，ISO 9660 との互換性も考慮されているので，普通の CD-ROM ドライブで利用できる．このほかに，5 分間の映像と 20 分間の音楽を記録した CD-V も提案され実際に販売された．しかし，現在ではビデオ CD というものがあり，これは画像圧縮技術（MPEG 1）を用いた CD-I Bridge という規格に基づいている．そのため，MPEG 再生機能があれば，CD-I プレーヤやコンピュータでも見ることができる．また，PhotoCD というのも CD-I Bridge をもとにしたものであるが，CD-XA 規格の一種だと考えてもよい．この場合も，CD-I プレーヤやコンピュータでも見ることができる．

CD-XA：CD-eXtended Architecture

CD-V：CD Video

8.3 High-Sierra, ISO 9660

　CD-ROM の出始めのころは，マシンごとに利用できる CD-ROM が決まっていた．つまり，OS に依存したファイルフォーマットをとっていたためである．UFS（Unix），HFS（Macintosh），PC 用（PC 98）などがそうである．しかし，利用者にとってはこれでは不便である．そこで，どのマシンでも共通に利用するための統一規格づくりが，12 社の協議で進められた．これが High Sierra フォーマットと呼ばれるものである*．さらに，このフォーマットをもとに，国際統一規格である ISO 9660 が完成された．多くの CD-ROM はこの ISO 9660 に準拠しているが，この規格の互換性を保ちながら拡張した機能をもつものもある．

High Sierra フォーマット

＊High Sierra は協議が行われたホテルの名前である

ISO 9660

　　RockRidge…主として UNIX 系ワークステーションでの標準的なフォーマットである．

　　Apple ISO…Macintosh に対応した ISO 9660 の拡張フォーマットである．

　　マルチセッション ISO 9660…追記型の CD-R などで利用される．

　　ハイブリッド CD…HFS は，Macintosh 用のフォーマットであるが，ISO 9660 で規定していない部分に独自の情報を埋め込むことにより，

```
┌─────────────────────────────────┐
│ トラック1 │ トラック2 │ … │ トラック99 │     音楽用CD
└─────────────────────────────────┘
  ↑         1セッション         ↑
Lead In                      Lead Out

┌─────────────────────────────────┐
│       1トラック  データ           │     CD-ROM
└─────────────────────────────────┘

┌─────────────────────────────────┐
│ トラック1  データ │ トラック2 音楽データ │  Audio Combined Disc
└─────────────────────────────────┘

┌──────────┬──────────────────────┐
│ セッション1 │      セッション2       │
└──────────┴──────────────────────┘
 ↑         ↑↑                    ↑     マルチセッションCD／CD-R／
Lead In  Lead Out Lead In      Lead Out  PhotoCD

┌─────────────────┬───────────────┐
│    音楽データ     │    データ部     │    Enhanced CD (CD-Plus)
└─────────────────┴───────────────┘
 ↑                ↑↑             ↑
Lead In        Lead Out Lead In  Lead Out
```

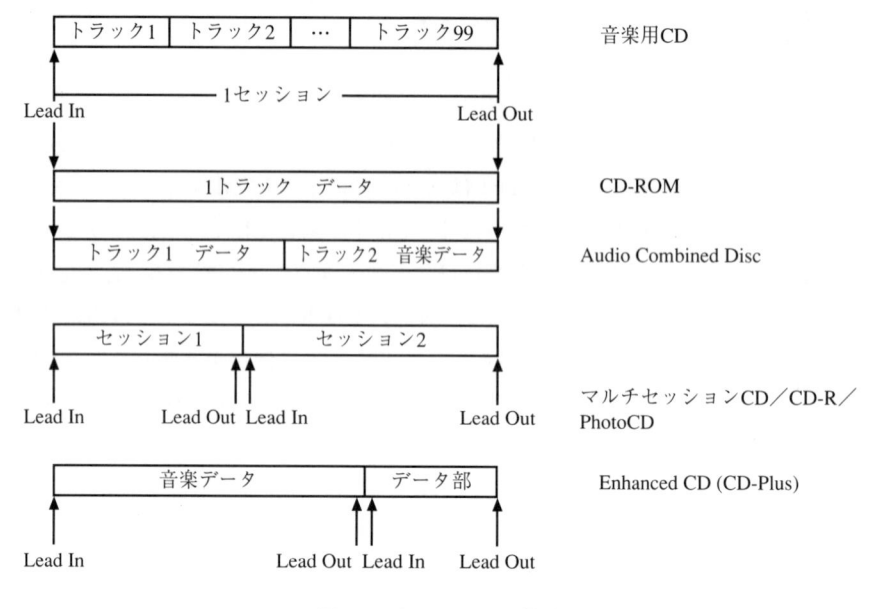

図 8.2　各CDのデータ構造

両方の規格を満足するような CD-ROM をつくることができる．これはハイブリッド・ディスクと呼ばれている．

Audio Combined Disc (Mixed Mode CD-ROM)…CD-ROM は，最初のトラックにデータが書き込まれていて，普通は1トラック構成である．データトラックの後ろに音楽データを入れたトラックを設けたのがこれで，ゲームやタイトルなどに使われている．

Enhannced CD (CD-Plus)…これは，音楽 CD の後ろにデータが入っているもので，普通の CD プレーヤなら音楽だけの再生は可能である．マルチセッション対応のコンピュータなどで再生すると音楽のほかに歌詞や，アーティスト情報などがみれる．

図 8.2 にはいくつかの規格に対するデータ構造の様子を示した．

8.4　電子図書，eブック

電子メディアが，有用な分野は CD-ROM などの出版状況をみれば以下のようなものであることがわかる．

○辞書，百科事典　　　○新聞(縮小版など)　　　○電話帳，カタログ類
○科学データ，株式情報などのファクト情報　　　○学術論文雑誌

8.4 電子図書，eブック

- ○ CAI（コンピュータによる教育支援）　　○ 地図情報
- ○ 美術書，写真集　　○ 過去数年間の気象情報など　　○ 年鑑類
- ○ 法律，法令集　　○ 特許情報　　○ ゲーム
- ○ 語学学習関係　　○ 絵本　　○ アプリケーションソフト
- ○ 雑誌の付録　　○ 図案集

従来の冊子体の本に対して，CD-ROM などを媒体とする本は電子図書と呼ばれている．これらは，上記のカテゴリーのように辞書類や年鑑，絵本などにその効果を発揮した．というのも紙の媒体では不可能だった，音声，動画像をリンクしたマルチメディア対応のものも可能にしたからである．さらに検索という点でも有利であり，辞書や統計情報などにも威力を発揮するなどの多くの長所をもっている．しかも，制作コストも安価であることから，雑誌の付録やアプリケーションソフトのインストール媒体としても広く流通している．またアメリカでは電子出版業者が版元と契約をし，複数の図書を1枚の CD-ROM に焼いて提供するということも行われている．これは専門図書や教科書が中心で相手は主として大学生である．この場合の利点は，すべての本を購入するよりも安いこと，重い本を何冊ももち歩かずに CD-ROM 1枚でよいことなどがある．

さて，アプリケーションソフトが CD-ROM で提供されている以外にも，フリーソフトのようにインターネット上からダウンロードという形でも提供されていることは，すでに述べた．同様なことが，本の内容についてもいえる．実際，小説などをインターネットからダウンロードすることもできる．コンピュータのディスプレイを通して小説などを読むということには抵抗があるという人も多いかもしれないが，よく考えてみると，われわれは，電子メールや WWW でのチャットや掲示板など，あらゆるものをディスプレイを通してすでに読んできている．その中に，小説のようなものがあっても不思議ではない．事実，最近はネット上で小説を配信するサービスも出現してきた．24時間，好きなときに好きな小説をダウンロードできる．一般的には有料だが，著作権の切れたものや自費出版的なものは無料で提供されているものもある．さて，ダウンロードしてきた小説などは必ずしもディスプレイ上で読む必要はなく，プリントアウトしてもよい．また，ダウンロードした複数の本から必要な部分だけを1冊の本として製本してくれるサービスもアメリカでは始まった．

従来も 8 cmCD-ROM の電子ブックや，フロッピーを媒体とした電子ブックなど，いくつかの規格が共存していたが，これらを読むための機器には互換性がなく，結局あまり普及しなかった．

ところが，1999年にアメリカで Open eBook Publication Structure 1.0 とい

*eブック

う新しい電子ブック*の最終フォーマットが策定され，普及しそうな気配をみせている(http://www.openebook.org/specification.htm)．従来からある電子ブックリーダーとの違いは，データをインターネットからダウンロードして携帯端末(リーダー)で内容を読めるというもので，規格を統一することで，互いに電子ブックリーダーの互換性をはかろうというものである．特長としては以下のことがあげられる．

① ダウンロードによりデータを手に入れることから，品切れや絶版ということがない．
② 24時間いつでもアクセスできる．
③ メモや，付箋などをつける機能がある．
④ 紙代や印刷代がないので，紙の本の半額くらいの値段が可能である．
⑤ 1つの端末に数十冊分のデータを入れることができるので，たくさんの本をもち歩かなくてもすむ．
⑥ 携帯端末は手のひらサイズで，どこにでももち運びが可能である．
⑦ 表示画面(液晶)を従来のよりも高解像度にし，読みやすくし，連続稼働時間も数十時間と長い．
⑧ 表示画面のコントラストやフォントサイズなどを自由に設定できる．
⑨ 検索に優れている．
⑩ 容易にデータを最新のものに更新することもできる．

特にeブックの場合は，従来の紙の本のような使い勝手ということにも意識しているようである．アメリカでは，eブックを提供するサイトや携帯端末リーダーもかなりの種類が出ている．将来的には携帯電話に音楽配信サービス対応とeブック機能が付加されるかもしれない．もっとも，携帯電話のディスプレイ部では大きさがやや小さいので，内容をディスプレイに表示するのではなく，音声合成により朗読した小説をイヤフォンなどで聞くという形態になるかもしれない．

8.5　図書館サービスとインターネット

OPAC：Online Public Access Catalog

公開蔵書目録検索サービス　　telnetやWWWでは多くの図書館がOPACを公開している．現在，公開されている蔵書目録検索サービスを行っているサイトは，大学図書館に限らず，公共図書館などでも行われている．まだ，すべてとはいかないが，いずれは全国的に広がることは間違いないであろう．少なくともネットワーク的に外部に公開していなくても，組織内のネットワークでそのようなサービスをしているはずである．ただ，それをネットワーク的に外部に公開す

る場合はそれなりに注意も必要である．不特定多数の人が，アクセスする可能性のある場合は，セキュリティの強化が必要であり，ファイアウォールなどを設置して，公開している情報以外には侵入できないようにしなければならない．

　さて，もし各家庭でもインターネット接続が行われるようになった場合，公共図書館なども公開蔵書目録サービスの要求が高まるにちがいない．また，出版社あるいは書店においても出版目録の検索サービスや通信販売なども行われている．さらに，通信販売も注文をネットワークで受けて，冊子体の書籍を郵送という形態をとらずに，本の内容自身をネットワークで送るということも考えられる．中には，自費出版のかわりに自分の作品をインターネット上で公開しているものもある．そうなると，これらのサービスは何も書籍に限ったものでなくてもよいのではということになる．企業の製品目録でもいいし，オーディオCDのタイトル情報でもいいわけである．さらには，音楽そのものをネットワークで送ることも考えられる．実際，日本でも音楽配信サービスが有料で行われている．ただし，CDなどの物に対して代価を払うことには抵抗がなくても情報そのものに代価を払うということに関してはまだ多少の抵抗があるようである．

　さて，話が少し本題からはずれてしまったが，図書館サービスとして，蔵書目録などの情報をインターネット上に提供していること以外にも，図書館からのお知らせ，新着図書情報，図書館カレンダーなどを提供しているところが多い．著作権などの問題があるので，蔵書の全文検索というサービスは現段階ではできない場合が多いが，行政機関などが提供する各種情報について役所とは別に，過去発行のものも含めてアーカイブ化していくべきではないかと思われる．

　ところで，インターネットの普及が，地域格差たとえば山間部や離島などでは新聞，雑誌が1日遅れで配達されるといった問題を解消するかもしれないが，インターネットに接続しにくい，あるいは適当なプロバイダが近くにないといったことから逆に地域格差が生じてしまうおそれもある．そのようなことからも公共図書館などでは，利用者がインターネットを利用できる環境も整備していく必要があるのではないだろうか．もちろん，それなりの機器とそれなりの台数を揃える必要があるし，設置場所などの問題もあるであろうから，そう簡単ではないかもしれない．しかし，将来的にはぜひ実現すべきことであると思われる．

8.6　デジタルライブラリ

*アメリカでは，Electronic Libraryといういい方からDigital Libraryというようになった

　必ずしもインターネットを利用することを前提としているわけではないが，電子図書館あるいはデジタル図書館*というものが，インターネット上のいくつか

のサイトで提供されている．本格的なデジタル図書館を利用しなくても，われわれはインターネットから多くの情報を得ることができるようになり，手元に辞書，辞典がなくても調べ物ができるようになった．わからないことを質問すれば，誰かが何らかの回答を与えてくれるというサイトもある．それはあたかも百科事典が手元にあるのと同じか，もっと誇張していえば，自宅に図書館があるのと同じともいえるかもしれない．さらに，ニュースや天気予報，災害情報など百科事典だけでは得られない最新の生の情報もリアルタイムで得ることが可能である．そういう意味では百科辞典よりも優れているかもしれない．

しかしながら，本当に現状のインターネットがすばらしいことずくめであろうか？　いま一度考えてみる必要もあるにちがいない．インターネット上で何かを調べようとして検索エンジンのホームページにアクセスしたことのある人は多いであろう．そこではキーワードを入力すれば，全世界中に保存されている情報から検索することができる．しかし，以下のような問題があることも事実である．

① 検索される情報量が多すぎて，本当に必要な情報に到達できない．
② 関係ない情報もキーワードでひっかかってしまう．
③ 数か月後にもう一度同じ情報を得ようとして，同じ URL にいったが，そこにはもう同じ情報がなかった．
④ 必ずしも信用のおける情報だけとは限らない．
⑤ いつの時点の情報なのかがわからないものがある．

たとえば，「MIDI」についてその仕組みや意味を調べようとして，キーワードに「MIDI」を指定して検索すれば，MIDI 形式の音楽ファイルを提供しているサイトが検索に引っかかり，「MIDI」という用語を解説しているサイトにはなかなかいきあたらないといったことがおこる．もちろんこの場合には，キーワードとして「MIDI」と「用語解説」を指定すれば良いのであるが，つねに適切なキーワードが与えられるとは限らない．また，③と④，⑤項は，逆の関係であるが，常にそのサイトに情報が残されているとは限らないということも念頭においておく必要がある．また，逆に最新情報となっていても実は数年前の情報のままということもある．時間の経過に左右されない情報の場合にはそれでもかまわないが，時間がたつと価値を失う情報もあるので注意が必要である．

そこで，利用者側から見れば
① 信用のおける情報を常に提供するサイト
② ある分野に関する情報の収集を行っているサイト
③ どこのサイトにいけば上記の情報が得られるかをナビゲートしてくれるサイト

などがあれば，非常に有用になるであろう．これがデジタル図書館がめざしている1つの役割であると思われる．すでにこのようなことを行っているサイトもあるが，個人で行っていたり，分野ごとにまちまちであったり，そもそもそのようなサイト自体をみつけるのがむずかしかったりなどの問題があるのが現状である．そのようなことからこれらをナビゲートする，デジタル図書館の構築が望まれるわけである．

次に近い将来のことを前提とし，TVが普及しているのと同じように各家庭がインターネットに接続され，行政機関や図書館などが保有する情報を全文検索可能なデータベースサービスを行っていることを想定しよう．

家庭にあるパソコンやワープロが，ネットワーク通信をするようになれば，従来の郵便，電話，FAXなどの利用価値も薄れていく可能性は大きい．というのは郵便・FAXはある程度電子メールで代用できるし，新聞やテレビのニュースもインターネットから最新のニュース情報を得ることができる．さらに，インターネット上では動画像(映像)配信も可能であるから，インターネットTV局による番組配信も行われている．まだ，内容の充実と画像の鮮明さなどからテレビに比べるとやや劣るが，将来的にはこれらにとってかわる可能性を秘めているのではないだろうか．

さて，各家庭の端末からはさまざまな図書館にもアクセスでき，そこでは，マルチメディア全文検索ができるほかに小説などの文学作品もアクセスできるとする．利用者はそれをダウンロードして電子ブックプレーヤで読んでもいいし，プリントアウトして読むこともできる．もちろん，端末のディスプレイ上でブラウジングすることも可能である．これらは24時間サービスされているので，いつでも必要なときに利用できる．ネットワーク的にさまざまな図書館とリンクされているので，実質的には地域性はうすれるが，まずは近い図書館にアクセスするのがやはり好ましいということになるであろう．

しかし，すべての図書館が同じ蔵書をそろえる必要はなく，図書館ごとの蔵書分担がすすめられるに違いない．このようなサービスは音楽や映像資料にも広がるであろう．ただし，実際には，著作権や著者，出版社などの利害関係の問題などが絡み合って，そう簡単ではないかもしれないが，登録した人だけに情報を公開するといったことも可能であるから，有料のこの種のサービスも登場するであろう．そういう意味では，図書館がサービスするのではなく出版社や書店がサービスすることになるのかもしれない．

例としてはあまり一般的とはいえないが，研究者の場合を考えてみよう．研究をしていると，それに関連する文献をかなり読まなくてはならないが，よく夜中

にある論文を調べなければならないといったこともしばしば遭遇する．いままでは，次の日に図書館にいってその学術雑誌を調べるわけであるが，その雑誌が図書館にない場合は，その所在を調べて，そこに照会してコピーサービスを受けるという手順を踏むのが一般的であろう．この場合，その論文を手にするまでに1週間近くもかかってしまうこともある．もし，図書館（あるいは学会）で全文データベースサービスが行われていれば，このような手間と時間は大幅に改善される．しかもキーワード検索により，関連論文をすべてピックアップできるのも利用価値が高い．いままでは，科学文献速報のような2次資料で関連文献を調べていたが，実際に内容を読むまでは，本当に必要かどうかがわからない場合が多々ある．このような場合も，瞬時にして全文検索できるのであれば，多くのむだを省くことができる．実際，学術論文などに対する電子図書館の利用価値は，小説などの文学作品などよりはずっと高いに違いない．しかし，学術的なことに限らなくても，Web上に示されるカタログを見ながらの電子ショッピングや旅の予約，飛行機，列車，宿の予約といったことも可能である．さらに各地の天気や観光案内，列車などの時刻表なども家にいながらにして入手することができる．特に旅行などは体験記やBBS（掲示板）などから現地での注意点や穴場情報なども手に入れることができる．

このように，学術情報だけではなく趣味や生活に密着した情報もいつでも手に入れられるという面でも利用価値は高い．ただし，現状ではこれらの情報の所在が必ずしも明確ではないことに問題がある．いわゆる検索エンジンと呼ばれるページから検索すると，検索エンジンごとに別々のものが得られることも多い．また，前にも述べたように，検索結果が多過ぎて，ほしい情報にたどり着けないといったこともある．

さて，将来的に電子図書館サービスが充実したとしても，いまの形態の図書館も残るであろう．その一方で，より多くの図書館がネットワークサービスを行うであろう．それらが電子図書館に発展していくか，あるいは別の組織が独自の電子図書館を構築するかはわからないが，公共図書館の場合は地域情報を，専門図書館の場合は，その分野の情報をナビゲートするような役割をぜひ，担ってもらいたいと思われる．

最近，新聞紙上でインターネットに関する記事を見ない日はないとさえいえる．IT革命ということで，IT関連に注目が集まっている．ほんの数年前までは，電子図書館はまだまだ先の話しであろうと思っていたが，いまや実現の第一歩をすでに踏み出している．ITやマルチメディアという技術は電子図書館構想にはなくてはならないものである．ここにきてこれらが開花した要因には，コン

IT：Information Technology

ピュータの性能向上と，大容量のデータを記録できる CD-ROM，DVD-ROM などの媒体の出現にもよっている．しかし，前にも述べたようにまだ解決されるべき点もかなりある．くり返しになるが，技術的側面からいえば，高速ネットワーク網の整備，それとマルチメディアなどの大容量データを効率よく送受信するための情報圧縮などの技術の向上などがある．

その他の問題として，原稿著作権に対する問題，課金や出版社の利益の保護といったことに関する問題もある．しかも，これらの問題，特に著作権のことなどは，もはや1国内の法律だけの問題ではなく，国際的に統一見解を出す必要があるであろう．また，利用者による情報提供は今後も増え続けるに違いないが，本当によい情報，必要な情報を選択的に保存していく必要が出てくるであろう．実際，いまの Web のホームページは毎日移り変わっていってしまうので，後でもう一度見ようと思っていたら，その情報がもうなかったり，あるいは，そのホームページ自体がなくなっていることもある．もちろんこれは将来の図書館の大きな使命となるにちがいない．公共図書館などもネットワークに接続し情報を発信し始めたが，利用者が図書館に行ってインターネットを利用できるという点では，まだ整備が遅れているように思われる．

さて，"デジタル図書館"に関するワークショップが定期的に開かれ，活発な議論が行われている．興味のある方は以下の URL でその内容を見ることができる．

　　　　　参考 URL　http://www.dl.ulis.ac.jp/DLjournal/

また，以下の URL も参考にするとよい．

① 日本国内の大学図書館リンク(東京工業大学附属図書館)
　　http://www.libra.titech.ac.jp/libraries_Japan.html
② 日本国内 OPAC サービス(農林水産研究情報センター林氏)
　　http://ss.cc.affrc.go.jp/ric/opac/opaclist.html
③ 世界の図書館リンク(筑波大学)
　　http://www.tulips.tsukuba.ac.jp/other/other_libs.html
④ 国立国会図書館蔵書検索(Web-OPAC)
　　http://webopac2.ndl.go.jp/
⑤ The Library of Congress(米国議会図書館)
　　http://lcweb.loc.gov/homepage/lchp.html
⑥ 出版社リンク集
　　http://www.hir-net.com/link/book/

8.7　インターネット上の学術情報

　Webに限らずインターネット上には様々な情報が提供されており，有用な情報もあれば，あまり役に立ちそうもない情報まで存在しているのが実情である．
　特に情報が多すぎるがために，本来，望んでいる情報にたどり着けなかったり，必要としない情報の中にうずもれてしまっているなどということも多々ある．そこで，研究者や専門家は独自に有用な情報にリンクを張っていたり，アドレス帳に記録するなどして対応している．
　さて，インターネット上に存在する学術情報には，どのようなカテゴリーがあるかを考えてみよう．

① 電子ジャーナル
② プレプリントサービス
③ ネットニュース(ニュースグループ)
④ 文献検索
⑤ データベース
⑥ 個人が収集した専門情報
⑦ 学会
⑧ 研究グループ，研究会
⑨ 国際会議アナウンス，プログラム
⑩ 学会プログラム，シンポジウムプログラム
⑪ 専門書の紹介
⑫ 蔵書検索(OPAC，NACSIS-Webcat)
⑬ 大学・学部，学科，教室，研究所・関係部署のホームページ
⑭ 教育関係
⑮ メーリングリスト

　これらのうち，電子ジャーナルについて見てみよう．ただし，電子ジャーナルの定義は
　「現在は主としてインターネットを通じて提供されている電子的な学術雑誌をさす．そのほかにもCD-ROMなどで提供され，それをローカルディスクに蓄積してイントラネット内で利用される形態の場合もある．従来の冊子体の出版と並行してオンラインで提供される場合が大多数であるが，冊子体をもたない電子ジャーナルのみを提供している雑誌もある．オンラインジャーナルと呼ぶこともある．」
ということにしておこう．

8.7 インターネット上の学術情報

最初に，出版までのプロセスからみると，著者(投稿者)は原稿をワープロなどで入力し，図版もスキャナなどから読み取り，機械可読なデータを出版社(あるいは学会)に送る．これもフロッピーなどを郵送することも考えられるが，コンピュータネットワークによる電子メールで送ることも可能である．学会では，同様にして審査員(レフリー)に原稿を送り，その回答を著者にメールで知らせる．著者は原稿を手直しして，再び電子的に出版社に最終原稿を送る．出版社はすでに機械可読である原稿を集め，まとまったところで，CDに焼く(この場合，従来の組版，校正という手間はなくなる)．このようにすることで，速報性の大事な学術雑誌の出版の時間短縮を行うことができる．CD-ROMとして出版された論文雑誌は図書館に保存され，ネットワークを介して利用者に提供される．利用者はネットワーク端末から，必要な論文を検索して，必要な部分だけをフルテキストで読むことができる．必要に応じてプリントアウトすることもできる．この場合，ネットワークはメインテナンスを別にすれば24時間体制で，無人運用することが可能であるので，いつでも情報を手にすることができる．自宅に端末があれば，電話回線などを利用して自宅からもアクセスできる．一部の出版社や学会では，CD-ROMに焼くという手順を省いてインターネットのホームページにフルテキストの最新論文を公開しているところもある．もっとも，ハードディスクだけにこれらのアーカイブが保存されていくのではなく，CD-ROMなどのなんらかのバックアップ媒体で保存されることも必要である．

日本では，1990年代中ごろからようやくいくつかの学会で電子メールなどによる投稿が可能になった．多くの場合，TeXと呼ばれる簡易DTPの形式で論文を記述し，これを電子メールで送れば活字を組まなくても，その出力を直接印刷することができるので，校正などの手間をかなり省くことができる．ただし当初は，TeXを使った場合の問題点もあった．たとえば，図とか写真なども電子メールで送るといったことはまだ主流になっていなかった．そのため，結局，TeX原稿は電子メールで，図は郵送でというようなことが行われ，必ずしも効率のよい方法とはなっていなかった．もちろん，現在では図や写真もエンコードして電子メールの添付ファイルで同時に送ることも可能であるし，学会によっては，anonymous ftpを利用して，投稿者にファイルをアップロードさせる方法をとっているところもある．また最近では，TeXのほかにPDF(Acrobat)という形式も利用されている．

さて，もう1つの問題は，このように投稿してもでき上がるのは，やはり紙を媒体とした冊子体の形態をとっているということである．電子メディアで，あるいは通信形態で利用できるようになったところもあるが，それでも冊子体形式を

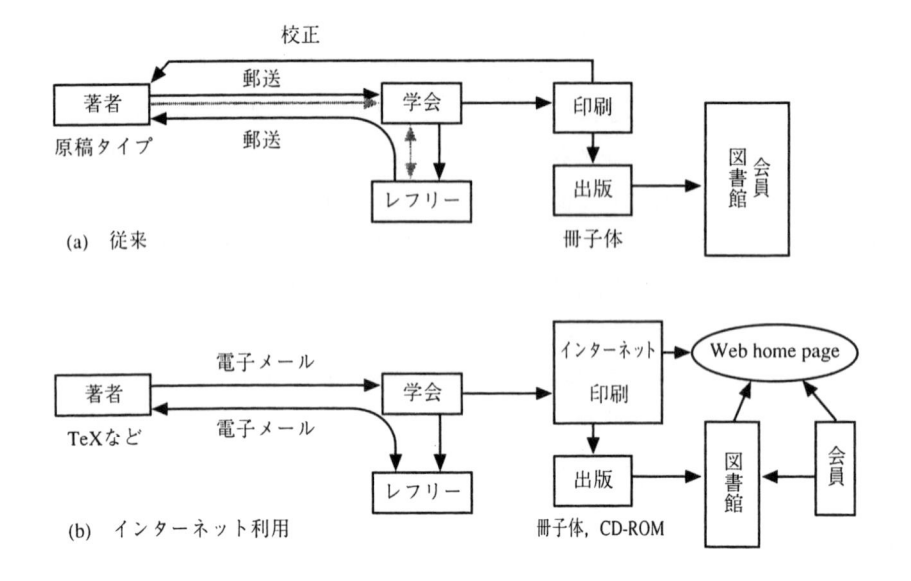

```
              校正
       ┌──────────────────────────────┐
       │   郵送      ┌───┐    ┌───┐    ┌───┐
    ┌─────┐ ────→ │学会│ →  │印刷│    │図  会│
    │著者 │       └───┘    └───┘    │書  員│
    └─────┘ ←──── │ ↕       ↓       │館   │
    原稿タイプ 郵送 ┌───┐    ┌───┐    └───┘
                  │レフリー│  │出版│
                  └───┘    └───┘
                           冊子体
         (a) 従来
```

図8.3 学術論文の出版 (a)従来 (b)インターネット利用

(b) では著者からTeXなどで電子メールにより学会へ送られ,レフリーを経て,インターネット印刷・出版され,冊子体,CD-ROMおよびWeb home pageを通じて図書館・会員に提供される.

なくすことはなかなかできない．もちろん，これにはいくつかの理由がある．

まず第一に，CD-ROMなどの媒体で出版したとしても，図書館側でそれを利用できるだけの設備が必ずしも整っていないこと，また，図書館でそれらを利用する，あるいは利用できる人がまだ少ない．学術雑誌の多くは国際的に全世界で購読されているが，電子媒体ではまだどこでも利用できるとは限らない．もちろん，ネットワーク的につながっていない地域もある．そういう意味で，もし電子媒体のみにしたならば，現在はまだ情報の地域格差が生じてしまう．そのようなわけで，従来の紙による冊子体形態をなくすわけにはいかないのが現状である．ところが，最近では，電子的な提供のみという電子ジャーナルも出てきた．当分は，紙による情報提供がなくなるとは思えないが，電子的な媒体によるサービスは今後ますます増えることにちがいない（図8.3参照）．

また，別の観点から少し考えてみると，学術雑誌のように利用者がそのごく一部しか必要としない場合とか，それでなくても年間莫大な量の雑誌が発行されていて，これらを図書館ごとに購入，保存しているいまの図書館だと，近い将来スペースや経済性の上からも限界にいきついてしまうのではないかと思われる．こういうケースには，電子図書館によるネットワークを介したサービスというのは1つの解決策を与える可能性がある．ネットワークによる利用であれば，1つの図書館に限定する必要もないので，図書館ごとに保存雑誌の種類の役割分担をす

ることができる．

もちろん，場合によっては CD-ROM という形ではなく出版社や学会の電子ジャーナルへのアクセス権を図書館が習得し，利用者にライセンスを与えるという形態の場合もあるであろう．いずれにしても利用者は，図書館まで足を運ぶ必要がなくなるし，論文などのファイリングも容易になる．また，図書館側でもコピーによる資料の損傷を最大限なくすこともできる．さらに，貸出中ということがないので，同時に複数の利用者に対応できるというメリットもある．

日本人はとかく本を手元においておくのが好きな民族である．本に限らずとにかく物が多い．これは余談だがイギリス人の研究室に行ったときに感じたのは，とにかく本が少なかった．もちろん人によって違いはあるだろうが，本当に必要な本しか手元におかないという感じである．一方，日本人の研究室ではすぐに必要としていない本でもたくさん本棚を埋め尽くしている．これは，つねに手元においておかないといざというときにすぐ見れないという不便さを回避するためである．ところが，イギリス式の場合は，多分，必要なときは，いつでも図書館にいけばすぐに必要な本を見ることができるわけであるから，わざわざ手元においておかなくてもよいという発想に違いない．

もし，ネットワークによる情報の入手が簡単にできるようになれば常に手元に本をおいておく必要もなくなるのではないだろうか．情報をセーブしてとっておかなくてもその都度その情報にアクセスすればよいからである．ただし，それには情報へのアクセスに時間がかかってしまうのでは意味がない．回線が混んでいてなかなかつながらないということがしばしばあるが，そうなると手元にあるコピーを探したほうがましであるということになりかねない．

さて，電子ジャーナルの長所と欠点を以下にまとめてみよう．

（1）速報性

印刷(活版，製本)や郵送を必要としないことから，出版までの期間を短くすることができる．特に速報性が必要な先端科学においては重要である．ただし，現在は，冊子体と共存しているために冊子体の発行時期に合わせて公開される場合が多いので，その利点が必ずしも有効に利用されていないこともある．原稿も従来のタイプ原稿や紙への出力原稿から，ワープロ原稿をフロッピーあるいは，電子メールや Web, ftp などで提出する場合が増えたので，電子化も容易であり校正などの手間も省かれる．しかし，中にはこのような電子的な原稿を提供できないものや，図表は非電子的に提供するといったパターンもあるので，これらから電子原稿を作成する手間がかかる場合もある．また，論文全体でスタイルが統一されていなければならないので，それへの修正の手間も必要である．

（2） 経費の軽減

印刷や郵送の省略は，また経費の軽減をもたらす．ただし，電子原稿の整形や電子原稿への変換作業のための人件費や，マシンの維持管理費が加わる．また，現時点では，冊子体の発行も併用されている場合がほとんどであるから，実際の経費削減には至っていない．

（3） 検索機能

巻号などにとらわれずに，登録されていれば最新のものから過去の論文まで，容易に検索することができる．単にキーワード検索だけでなく，全文検索，著者名検索，引用論文検索なども可能である．ただし，現状は，全文閲覧・検索の場合には別途有料としているところが多い．

（4） 利 用

利用は24時間いつでも可能である．また，同じ巻号，同じ記事に対して複数同時の利用も可能である．ただし，アクセスが集中すると反応が遅くなることがある．また，サーバがダウンするとアクセスできないといったことも起こる可能性がある．いつでも，すぐにアクセスして内容を取り寄せることが可能であるならば，あえてコピー（プリントアウト）を行う必要性はなくなる*．電子ジャーナルを購読している間は，すべてにアクセスできる代わりに購読を中止すると一切，情報にはアクセスできなくなり，購読期間中の記事も見ることができなくなる点が冊子体やCD-ROM版とは違う．

*だたし，多くの場合は読みやすさのためからかプリントアウトすることが多い

（5） 省スペース

電子ジャーナルのみであれば，配架の問題は解消される．情報を蓄積していく場合は，ディスクが必要となるが，スペース的には冊子体の配架スペースよりはずっと少なくてすむ．しかし，現状では，冊子体の購読も同時に行われているのが一般的であるので，配架の問題が解消されているわけではない．

（6） 資料の劣化

資料の劣化やコピーなどによる破損がない．またコピーをとらなくてもオリジナルと同じ品質のものを出力することができる*．また，欠号などもない．

*コピーだと図や写真などの情報劣化が生じる場合がある

（7） マルチメディア化

現在は冊子体と同じ内容を提供しているために，あまり利用されていないが，技術的には，音声や3次元CG，映像などの提供もできる．

（8） 他データベースとのリンクなど

他のデータベースとのリンクや，著者とのコミュニケーションも容易にできる．

(9) 購読料，課金の問題

冊子体を購読しているサイトに対しては無料，あるいは低額で電子ジャーナルを提供するという場合が多いが，そうでない場合には，必ずしも安価ではない．また，雑誌ごとに課金体制がまちまちである．1論文ごとに閲覧課金をとるという方式や，定額により無制限にアクセスできるという方式やライセンス数を制限する場合もある．

(10) 著作権の問題

容易に複製が可能であり，CD-ROM に焼き付けたりハードディスクにダウンロードするといったことも行われる可能性があるので，著作権などの問題が生じる可能性がある．

(11) 表示の問題（数式など）

HTML では，数式などの表現が必ずしも完全ではない．7章で紹介したMathML が普及すれば解決されるかもしれないが，現状ではまだ普及していない．そのため，多くの電子ジャーナルは PDF 形式で提供されている場合が多いが，この場合には，Acrobat Reader* のプラグインが必要である．雑誌によっては，特別な専用ソフトを必要とするものもある．また，HTML で提供し，正確に表現できない部分は冊子体とは違って表現されるものもなかにはある．

HTML：HyperText Markup Language

PDF：Portable Document Format

＊Adobe 社提供のフリーソフト

(12) 情報格差

インターネットや PC を利用できない環境も存在する．そのようなところでは，電子ジャーナルのみの提供というわけにはいかない．

(13) 過去に発行されたものは未入力

多少の過去のものは含まれている場合が多いが，古い過去のものはほとんど利用できない（雑誌によってまちまちである）．

(14) 回線速度の問題

これは，電子ジャーナルだけに限ったことではないが，回線速度が遅く，アクセスに時間がかかってしまうようではせっかくの機能も宝のもち腐れになってしまうであろう．最近では，比較的回線速度も高速になりかつてのようにつながりにくいという現象は減ってきてはいるが，常に快適に接続できるというわけではない．今後も，ファイルの圧縮技術とともに，回線速度の増強は必要であろう．

8.8 電子ジャーナルの例

電子ジャーナルには学会が発行しているものや出版社が発行しているものなど，いくつかのパターンがあるが，ここでは出版社が提供している電子ジャーナ

ルについてそれらのいくつかを紹介しておこう．実際には，これ以外にも多くの電子ジャーナルが存在し，また現時点でも増え続けているだろう．

（1） Elsevier Science

http://www.elsevier.co.jp/

Science Direct

1100 雑誌 100 万論文 (2000 年現在) にのぼる論文に，フルテキストで直接アクセスできる有料の Science Direct サービスと，その機能限定版として冊子体購読者に無料で提供されている Science Direct Web editions がある．ただし，いずれも登録が必要である．

Science Direct で提供されている雑誌は，Elsevier が発行しているものほかに，Pergamon, North-Holland, The Lancet が発行しているものも含まれている．フルテキストは PDF 形式で提供され，バックナンバーは 1995 年から提供されている．料金は利用形態によってサイトライセンス制と利用回ごとのトランザクション料金の両方がある．

Web editions は，過去 9 か月分のみが提供され，月が変わるごとに古い号は削除されていく．Science Direct 同様，フルテキストは PDF 形式である．登録は図書館・図書室の担当者を通して行われる．登録後は，アクセスサイトの自動認証により ID やパスワードは必要としない．

IDEAL : International Digital Electronic Access Library

（2） Academic Press（IDEAL）

http://www.idealibrary.com/

Academic Press が発行している 175 誌の電子ジャーナルを提供している．サイトライセンス制で，契約しているサイトからは，フルテキストへのアクセスが自由にできる．各雑誌の 1 つの号に限って，フルテキストでアクセスできる sample 版もある．

Inter Science

（3） John Wiley & Sons（InterScience）

http://www.interscience.wiley.com/

300 タイトルの雑誌を提供している．有料(サイトライセンス)でフルテキスト，無料(Guest Users)でアブストラクトにアクセスできる．フルテキストは PDF で提供されているが，一部の雑誌は HTML でも提供されている．

LINK

（4） Springer-Verlag（LINK）

http://link.springer-ny.com/

Springer 出版を中心に Birkhauser, Physica, American Soc. of Agronomy などが発行している雑誌約 400 誌の電子ジャーナルを提供している．冊子版購読者に対しては登録すれば無料で電子ジャーナルにフルテキスト(PDF)でアクセスできる．書誌情報に関しては，誰でも自由にアクセスできるようになっている．

9章 マルチメディアサービス

　今までは，コンピュータあるいは，コンピュータネットワークと結び付いたマルチメディアを中心に見てきたが，それとは別な方向からのマルチメディア化というものもある．

　ここではそれらも含めて見てみよう．もちろんこれらもネットワークとの接続が前提となっているものがほとんどであるが，端末側がそれ専用のものであるという点が特徴となっている．この場合でも一般的なコンピュータ端末との融合型の場合もありうる．

9.1 ビデオ・オン・デマンド（VOD）

ビデオ・オン・デマンド

　ビデオ・オン・デマンドとは，その言葉どおり，ユーザのリクエストにより，ビデオ（映像）情報を提供するものである．多チャンネルCATVや，TVとの違いは，リクエストに応じて，初めから情報を提供するということである．

　たとえば，映画のリクエストをする場合を考えてみると，多チャンネルCATVの場合も似たようなサービスは可能であるが，リクエスト時に必ずしもその映画を初めから見れるわけではない．放送の場合は，一方的に情報を流しているわけであるので，見たいと思った時点がその映画のラストシーンという場合もある．結局，ラストシーンを見たあとで，また初めからみるといったことにもなりかねない．それに対して，ビデオ・オン・デマンドの場合は，要求に対して，はじめからその情報を提供することになるのでそのようなことは起こらないといった違いがある．

　ビデオ・オン・デマンドの場合は，2つの利用法に分けられる．図9.1に示したように，一方では，コンピュータネットワークが重要であり，もう一方では現行のCATV上を利用する．すなわち，1つは，LANの中でのサービスのようにせいぜい数十，数百のユーザを相手に，映像情報のデータベース提供や教育用に利用される場合であり，もう1つは各家庭への映画やゲームなどを提供する数

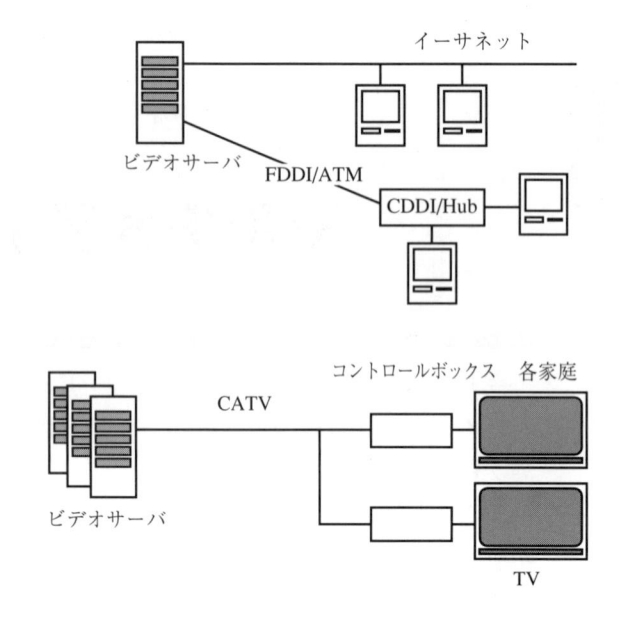

図 9.1 ビデオ・オン・デマンドの構成

百，数千あるいは，数万のユーザを対象とするものなどである．LAN による VOD は，日本でもすでにいくつかの企業では行われている．そこでは，社内教育や，社内ニュースなどに使われている．

CATV による VOD サービス

関西学研都市

CATV による VOD サービスは関西学研都市で実験的に行われている．そこでは，約 300 タイトルの映画などを提供している．こちらは新着映画に関しては有料ではあるが，レンタルビデオよりは安いということで人気があるようである．ただし，リクエストが重なった場合は見れないことがある．早送りや一時停止ができない．端末側の操作が面倒，などの問題点もある．

ビデオ・オン・デマンドの場合は，その情報が動画でなくても静止画でもよいわけである．この場合は，ホームショッピング，駅の時刻表，ニュースなどさまざまなデータの提供にも利用できる．

いずれにしても，これを家庭のレベルで実現するためには，現行の TV システムを活用する方法と，PC などを利用する方法が考えられるが，将来どちらに向かっていくかは今のところまったくの未知数であろう．一番理想的なのは，両者の機能をもった PC ということではないだろうか．実際に，現在でもテレビを受信できるパソコンも売られているし，逆にインターネット機能を有したテレビというものもでてきた．最終的には，より安価に操作性のすぐれたものが望ましいことはいうまでもない．

9.2 テレビ電話

マルチテレビ電話

関西学研都市では，マルチメディア・サービス実験の1つとしてマルチテレビ電話が設置されている家庭もあるようである．これは電話機に液晶のディスプレイとカメラがついているもので，4人が同時に双方向で会話ができるとのことである．しかし実際には，あまり利用されていないようである．テレビ電話のおいてある家庭でも従来の電話機があり，大抵はそれですんでしまう．小学生などが面白がって利用している程度のようである．むしろ大人にとっては気恥ずかしい方が大きいのであろう．テレビ電話の必要性は，家庭よりも別なところにあるように思える．

また，このテレビ電話の機能をみると，まさにコンピュータ上で行われる電子会議システムでも同じことが可能である．もし家庭に情報端末が設置されれば，あえてテレビ電話を導入する必要はないように思われる．

9.3 カーナビゲーションシステム

カーナビゲーション・システム

すでに広く用いられているマルチメディア・システムとしてカーナビゲーションシステムがある．現状では，CD-ROM や DVD-ROM に収められた地図情報と人工衛星などから得られる現在位置情報(GPS)をディスプレイに表示し，進行経路をナビゲートしてくれるものである．しかも画像情報だけでなく，音声による案内もできるものもある(voice navigation)．このシステムは，移動体マルチメディア・サービスの1つとしてかなり期待されている．

GPS：Global Positioning System

VICS：Vehicle Information&Communication System, 道路交通情報通信システム

ATIS：Advanced Traffic Information Service

実際，VICS と ATIS というサービスが行われている．VICS の方は，郵政省，建設省，警察庁が主導的に開発をすすめているもので，単にナビゲータとしての機能だけでなく，渋滞，事故情報，異常気象や，リアルタイムでの駐車場情報などを提供するというものである．これらの情報は，VICS 対応のカーナビゲーション・システムで受信する．ただし，このためには，道路の各所に光センサーや電波センサー網を張り巡らし，またインタラクティブな情報の交換のためのテレターミナルの設置なども必要となるので，かなり大がかりなインフラストラクチャの整備が必要になる．そのようなことから技術的よりも経済的な問題点の方が問題かもしれないが，2000年現在，全国の高速道路と重要な一般道路での利用が可能となっている．

一方，ATIS は警視庁が主導している交通情報サービスで，端末は ATIS 対応のカーナビゲーション・システムかパソコンやiモード対応の携帯電話で受信

できるようになっている．ただし，サービス地域は東京を中心に全国の高速/有料道路や首都圏，近畿圏の一般道路などの情報を提供している．ただし，会員制なので入会金と毎月の利用料金が必要である．実際には，各車で個々に利用するよりも会社で情報を受けてそれを各車へ無線などで指示するといった利用法もあるようである．サービス内容はVICSとほぼ同じようである．また最近のカーナビでは音声認識を取り入れ，行き先などを声で入力すればルートを検索してくれるものもある．実際，従来のものだと，走行中に行き先を入力することや，種々の操作をすることは危険でもあり実質できなかったが，音声入力が可能になることでより便利になった．ただし，前にも述べたように車内は意外と雑音が多く，誤動作や認識率が悪いと，かえって運転のじゃまになりかねないので，その点の工夫も必要となっている．

　カーナビを応用したものとして自動観光案内システムというものがある．実際に観光バスなどですでに利用されている．これは，カーナビの原理で現在位置がわかるので，あらかじめ設定した地点を通過したときに，自動で観光案内の音声と画像を映し出すといったものである．

9.4　次世代交通システム

　カーナビゲーションのほかにも車に関するいくつかのシステムがある．

　たとえば，自動運転システムというのがある．これは車側には障害物センサー，レーン検出センサー，磁気センサーなどを取り付けておき，これらのセンサーはブレーキやアクセル，ハンドルなどと連動している．一方，道路側には，磁気記録を入れたり，路上監視装置，光センサー（ビーコン），電波ビーコンなどを設置しておき，道路情報などを車側にも送信できるようにしておく．このようにすることで，車間距離の確保や，高速道路での合流などの安全走行に役立てるというものである．もっとも，誤動作などがあればかえって危ないので，あくまでも人間の行う運転に対する補助的な役割と考えるべきだと思われる．

ETC：Electronic Toll Collection System

　そのほかにも，高速道路自動料金徴収（ETC）というのも一部実用化されている．現在もかつて手渡しで行われていた通行券の自動化ということで，機械が行うようになったが，さらにすすめて，自動車側にID番号をつけ，ゲートのところで，センサーがそのIDを読み取り，料金を銀行口座などから引き落とすという仕組みである．このことにより，車は料金所で一時停止することなく通過することができ，渋滞の解消や料金所の省力化などに効果がある．

9.5 携帯電話，携帯型情報端末

携帯電話をもって町で電話をかけている人をよく見かける．それだけ普及したわけであるが，そのサービスの開始は日本では1979年である．方式はアナログ式とデジタル式の2種類が両存しているが，現在はほとんどがデジタル式である．

実際に携帯電話にデジタルカメラ機能がついたものや，インターネット接続サービスなども行われ，電話だけの機能ではなく，携帯型情報端末(PDA)化してきており，今後ますます発展していく分野であると思われる．また，携帯電話のほかにPHSというサービスもあるが，これはデジタル・コードレス電話の子機を屋外でも使えるようにしたものである．ただし，各所に中継のためのアンテナ設置が必要で，サービス開始当初は都市部などの限られた地域のみであったが，現在はほぼ全国にエリアを拡大している．携帯電話に比べて回線速度が速い(32/64kbps)ので，音質もよく料金も安いが，その一方で，走行中の車や電車の中では利用できないといったこともある．

最近は，携帯電話の通信速度も上がり，利用料金もPHSと変わらなくなってきたためにPHSの利点が減ったように思えるが，PHSではマルチメディア情報等の提供で付加価値をつける試みもなされている．たとえば，音楽配信や動画配信サービスなどもその1つである．これはPHSで音楽データをダウンロード(有料)し，メモリカードに保存する．このメモリカードを専用の小型プレーヤにセットすれば，ダウンロードした音楽を聞くことができる．音質はCDなみで，値段はCDを買うよりも安いようである．

また，地図情報サービスというのもある．これは目的地の住所や電話番号を入力すると，その付近の地図を送信してくれるというものである．カーナビシステムのように，携帯電話やPHS自身がナビゲーションシステムの機能をもつようになってきている．8章で述べたように携帯電話やPHSがeブックのリーダー機能をもったり，先ほどの音楽配信に対する，小型プレーヤの役割とも結合することも考えられる．

さらにIMT-2000と呼ばれる次世代携帯電話の国際標準化がITUで検討され，音声品質の向上や転送能力をマルチメディア対応にMbpsのオーダまで確保しようとする試みがなされている*．

新しい試みとして，携帯電話にICチップを組み込むことで，さまざまなサービスに対応できるようにすることも検討されている．たとえば，電車の乗車券や指定席券を携帯電話で予約購入し，それをICチップに書き込んでおく．そして

IMT-2000：International Mobile Communication-2000

＊ちなみにIMT-2000の2000は2000年をさすのではなく，2000kbps，すなわち2Gを示している．

改札口では切符の代わりに携帯電話をかざすだけで通れるというシステムである．

同様に各種チケット販売にも応用できるであろう．このような場合は，携帯電話が時計サイズであると便利かもしれない．すでに一部では実現しているが，時計型の携帯電話に音声認識機能をつければ，まさにSFで想像していた世界が実現しそうである．

さて，携帯型情報端末は，モバイル・コンピュータとかパーソナル・コミュニケータと呼ばれることがある．最近は，ラップトップパソコンやハンドヘルドPCをもち歩き，出先から，インターネットに接続するといった機会も多いであろう．この場合には，公衆電話ボックス内の情報コンセントにモデムを接続するか，携帯電話やPHSから電話回線を通してホストコンピュータに接続することになる．回線品質からいえば公衆電話ボックスが一番安定しているが，近くに情報コンセントをもつ公衆電話ボックスがなければならない．

一方，携帯電話やPHSの方は，モデム内蔵の通信アダプタ（PCカード）と電話機を接続して使うか，PHSデータ通信カードというPCカードをセットする．PHSではPIAFS（ピアフ）というプロトコルにより，32k/64kbpsでの通信ができる．ただし，この場合には，接続先のプロバイダもPIAFSに対応している必要がある．

PIAFS：PHS Internet Access Forum Standard

9.6 将来予測

9.6.1 マルチメディア社会

マルチメディアという言葉は数多くのキーワードと関連していて，その実体がなんであるのかがわかりにくい．実際，マルチメディアとはこれだという定義もできないのではないだろうか．IT革命と呼ばれるように，21世紀は情報通信の時代となるにちがいないが，その発展の速度は急激である．特にここ数年のインターネットをはじめとする情報流通の変化は，5年のスパンでは予測もつかないほど急激に変化している．1990年初頭には，電子図書館をめざそうという動きはあったものの，実現にはまだまだ時間がかかると認識されていた．WAISやWWWが出現したときも，これは面白いとは思ったが，こんなにも早く普及し，一般家庭まで入り込むとは誰が予想しただろうか．

革命と呼ばれるゆえんは単にその変化が急激だというだけでなく，われわれの生活様式あるいは，文化そのものを大きく変える力がそこにあるからである．も

ちろん印刷技術の発明により人との直接のコンタクトを持たなくても多くの人の考えを知ることができるようになり，これは良い側面と悪い側面をもたらしたかもしれない．しかし，悪い側面よりも良い側面の方がまさったわけで，今の時代に印刷のない世界を考えることはできない．産業革命にしてもそうであろう．たとえば，自動車のない世界は考えられないが，もし，交通事故という側面だけをみれば，自動車などないほうがよいともいえる．現在の情報革命もそれと同じではないだろうか．いろいろの側面をもっているが，われわれとしては，交通ルールのように世界的に通用するルールをまず確立する必要があるのではないかと思う．

　バーチャルリアリティは，われわれにさまざまな夢を与えてくれるが，あくまでもそれは仮想現実の世界だということの認識も必要である．現代の日本はなんらかの形で漫画文化の影響をうけているが，現実と漫画の世界が入り交じった錯覚による犯罪というのも少なくないといわれている．バーチャルリアリティの場合は，その効果が漫画以上にあるに違いない．仮想現実のみの世界の中で育った子供が大人になったときにどのような世界になってしまうのかも心配である．現在のマルチメディアは，五感のうちの視覚，聴覚に訴えるもののみであるが，触覚，味覚，臭覚といったものも研究されてくるだろう．しかし，実物を知らないで，そういうものだけを本当であると信じてしまうことにも危惧を感じないわけではない．

　ここでは，マルチメディアとこれからの世界観を多少批判的に述べたが，このようなことを今の時点で考えておくことも重要なことであろう．まだまだ，たくさんの意見があるに違いない．

9.6.2　技術的側面

　マルチメディアシステムを構築する上で関係することがらを列挙してみると以下のようになる．

(1) 情報媒体
- コンピュータ…サーバ，クライアント(ワークステーション，PC)
- 通信メディア…LAN(ATM, FDDI, Ethernet), ATM-WAN, ISDN(B-ISDN, INS)，電話回線網，CATV, ADSL，無線LAN，通信衛星，WWW，携帯型情報端末，次世代携帯電話
- 放送メディア…現行 TV 放送網，衛星放送，BS デジタル放送
- パッケージメディア…VTR, CD, DVD，リムーバルディスク，ハード

ディスク

（2） その他のキーワード

インタラクティブ（双方向），デジタル，インターネット，MPEG/JPEG，VOD，VR（バーチャルリアリティ），CG，動画配信，音楽配信

　コンピュータに関してはCPUの性能，記録媒体の容量がますます増大していくことに違いない．それに伴いアプリケーションも発展していき，音声認識，画像認識，自動翻訳などの機能を取り入れたものが多く出てくるのではないだろうか．将来，家庭に普及するマルチメディア端末が，PCという形になるのか，あるいは，TVなどの家電製品に機能を付加していく形で発展するのかは予想が難しい．あるいは，両方の形態が生き残るかもしれないし，いきつくところは同じ形態になるかもしれない．

　ひと昔前，電卓が出たとき，これらは，色々な機能を付加していきプログラムが可能な小さなパソコンのように発展した．一方，パソコンの普及型ということで，普通のTVに接続して利用するMSXパソコンなるものも出現したが，こちらの方はすたれてしまった．機能を制限されたパソコンを買うよりはやや高価でもちゃんとしたパソコン自身を買ったほうが色々なことができるという利点があったためであろう．

　プログラマブルな電卓の方は，やや形を変え電子手帳となり，それが今では携帯情報端末へと進化した．また，インターネット機能を付加したインターネット・テレビなるものも出現したが，文字入力に対しては，やはりキーボードを利用しえない限り不便であろう．

　そのような意味で，キーボード，ディスプレイ，マウスという構成は重要な要素であると思う．ただし，TVの代わりにキーボード付きの端末を居間のところにおいても様にならない．今のTVではリモコンが一般的になったように，リモコンの発展型としてのリモコンキーボードが出てきてもおかしくない．キーボードのようなものは操作が難しいと思う人もいるかもしれないが，ワープロの普及を考えるとそれほどの問題はないであろう．むしろボタンの少ないリモコンで，キーボード入力と同じことを行わせようとするので，かえって操作が複雑になっているともいえる．一方，マウスに関しては，ジョイスティックや，ペンタブレットなど色々と代替のものはあるであろう．

9.6.3 未来予測

　図9.2に示したのは，それぞれの今までの発展の流れを示している．PCが日

9.6 将来予測

PC
- 8bitCPU+Basic スタンドアロン
- ↓
- 16bitCPU+DOS （ネットワーク）
- ↓
- 32bitCPU+DOS+ Windows(MacOS) +ネットワーク +CD-ROM マルチメディア
- ↓
- マルチメディアOS テレビとの融合 ホームサーバ

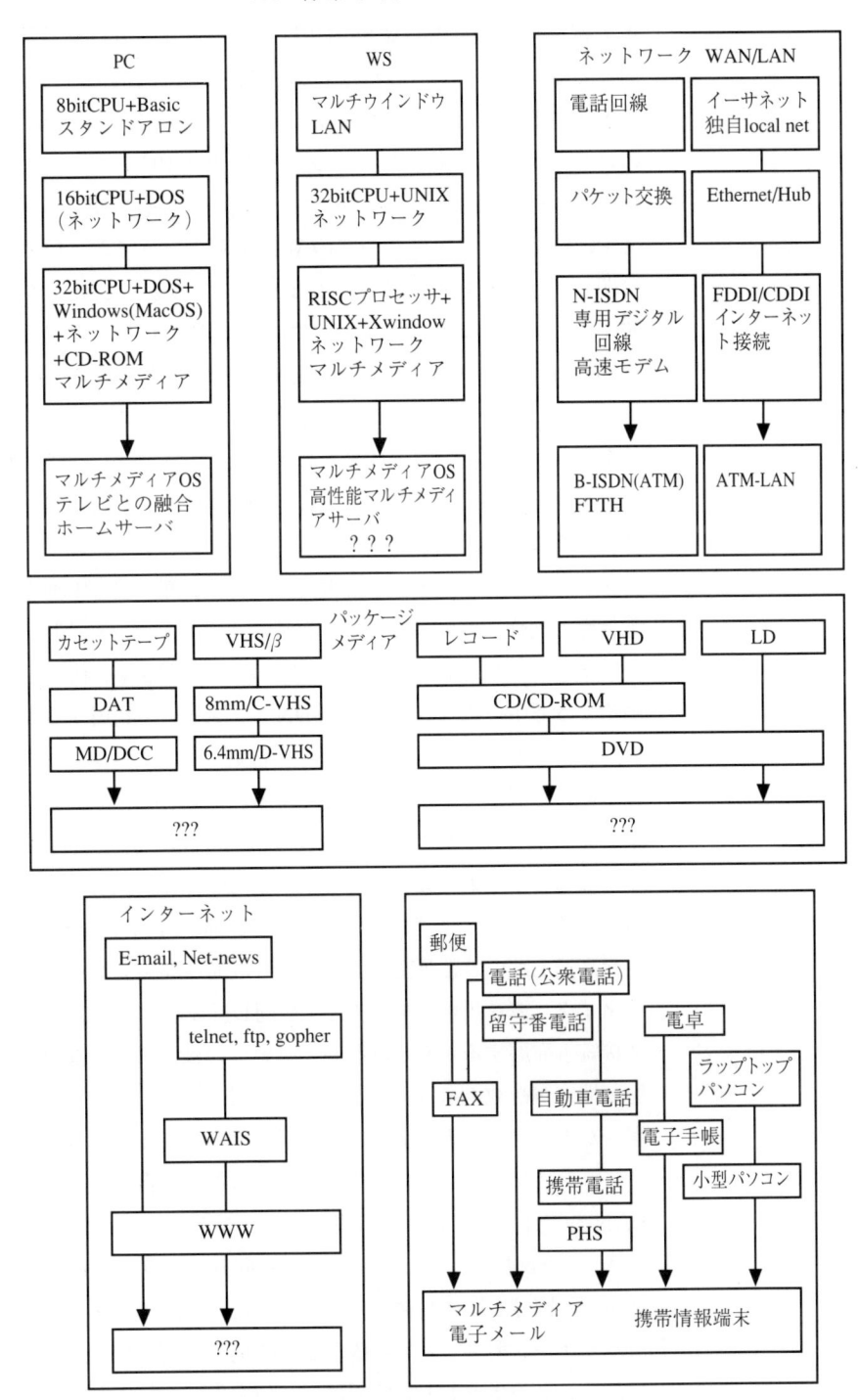

WS
- マルチウインドウ LAN
- ↓
- 32bitCPU+UNIX ネットワーク
- ↓
- RISCプロセッサ+ UNIX+Xwindow ネットワーク マルチメディア
- ↓
- マルチメディアOS 高性能マルチメディアサーバ ？？？

ネットワーク WAN/LAN
- 電話回線 / イーサネット 独自local net
- ↓ / ↓
- パケット交換 / Ethernet/Hub
- ↓ / ↓
- N-ISDN 専用デジタル回線 高速モデム / FDDI/CDDI インターネット接続
- ↓ / ↓
- B-ISDN(ATM) FTTH / ATM-LAN

パッケージメディア
- カセットテープ → DAT → MD/DCC → ???
- VHS/β → 8mm/C-VHS → 6.4mm/D-VHS → ???
- レコード、VHD、LD → CD/CD-ROM → DVD → ???

インターネット
- E-mail, Net-news
- ↓
- telnet, ftp, gopher
- ↓
- WAIS
- ↓
- WWW
- ↓
- ???

- 郵便 → FAX
- 電話（公衆電話） → 留守番電話 → 自動車電話 → 携帯電話 → PHS → マルチメディア電子メール
- 電卓 → ラップトップパソコン → 電子手帳 → 小型パソコン → 携帯情報端末

図9.2 マルチメディア未来予測

本で普及しだした当時は8bitCPUで，今に比べれば演算速度も遅かったし日本語などもコードで入力した覚えがある．それでも和文タイプで入力するよりはずっとましであった．その当時はパソコンという名称よりもマイコンといういい方のほうが一般的であった．そのあと16bit CPU のマシンが主流となり，さらにDOS というオペレーション・システムが出現して使い方が格段に向上した．さてPC の能力は徐々にかつてのWS なみになってきているが，マルチメディアに関しては，むしろWS よりも多くのアプリケーションを備えていてかつ使い勝手もよいといえるだろう．さてPC の場合もWS の場合もそうであるが，将来的には，よりマルチメディア指向のOS が現れてくるのではないかと思われる．かつてはコマンドベースで動作したOS も現在では，グラフィカルユーザインタフェース(GUI)ベースのものがほとんどである．またPC に関しては，従来のテレビとの融合や電話，FAX，よりオーディオ色の強いステレオなどとの融合も考えられる．

　次にネットワークまわりを考えてみよう．前章までに何度も述べたが，現在の電話線と同様に家庭まで高速コンピュータネットワーク回線が引かれるようになるであろう．現在は，N-ISDN や一般の電話回線が利用されているが，安価に供給できるようになれば，B-ISDN やCATV を利用するようになるかもしれない．少なくとも，ビジネスホテルや新築のマンションなどでは積極的にこれらをはじめから提供することも増えてくるに違いない．また，公衆電話のかわりに公衆情報コンセントがいたるところに(あるいは，公衆電話とともに)設置されるようになると思われるが，その一方で，携帯電話(PHS)などを利用したインターネット接続もますます増えるであろう．構内LAN の方は，Gbit Ethernet のような高速LAN の必要性がより高まるに違いない．またケーブルを引く必要のないマイクロ波を用いた無線LAN や同じ部屋の中で配線を必要としないワイヤレス接続も発展するかもしれない．というのは，事務所などのように同じ1つの部屋に端末が複数ある場合，ケーブルの引き回しだけでも大変な作業を必要とする場合がある．特に床にケーブルを引く場合は，オフィスフロアにするとか，フリーアクセスフロアなどにしなければならない場合もある．そのようなときに無線LAN やワイヤレス接続は有用な方式となるかもしれない．

　さてLAN 間を結ぶインターネット回線もより高速化するとともに，各国間を結ぶ国際回線も順次高速化されていくだろう．インターネットが普及したとしてもパッケージ型メディアは依然として別の役割として残るに違いない．というのは，インターネット上の情報は刻一刻変化してしまう恐れがあるが，アーカイブとしてのCD-ROM やDVD-ROM が必要になるのではないだろうか．また音楽

9.6 将来予測

にしても現在でも TV, ラジオそして音質は悪いが, 電話回線でも頻繁に新曲が流れているが, CD がいらなくなるわけではない.

それと同じことが, インターネット上の情報に対してもいえるのではないだろうか. また, 媒体も DVD に変わるより高密度, 大容量の記録媒体が開発されるのは時間の問題であろう. そうなると CD よりも小型のもの(たとえば, DVD ディスクに音楽だけを記録すればより小さな媒体で CD と同じ容量を記録できる)が出現することも考えられる. 実際, 今までの記録媒体の変遷をみればこれは明らかである(レコード→CD, VHS→8mm ビデオ→6.4mm ビデオ, 8 インチフロッピー→5 インチ→3.5 インチ, オープンリールテープ→カセットテープ→DAT→MD). しかし, その際に小さくなったからといって品質性能が劣る場合は, あまり普及しないと思われる. かつてマイクロカセットというものがあったが(現在もあるが), これを音楽用に利用しようと思う人は少なかった. あくまでも会話の録音とか留守録用に使われているに過ぎない. そういう意味では, 現在の媒体よりはひと回り小さい方がベターであると思うが, あまり小さすぎても良くないのかもしれない. むしろ大きさはそれほど小さくしないかわりに容量を増やす方がアピールするのだと思う.

メモリーカードによる音楽配信は, カセットテープにとってかわる音楽媒体になるに違いない. しかし, 内容を容易に書き換え可能であるという点を考えると, むしろ書き換えのできない CD の方が有利な面もあるであろう.

さて次にインターネット上のサービスであるが, 電子メールや WWW が今後も重要となるに違いない. ただし WWW のようなものは, それをベースに大きく別の物に変わっていく可能性もあるのではないだろうか. 実は, WWW が出現した当時, WAIS というのもほぼ同時期に開発されたのだが, 最初は, 手順は複雑であるが目的の情報に最短距離で到達できるという点で WAIS の方が有用ではないかと思った. しかしその予想は大きく違い, 今では WAIS よりも WWW の方が一般的ある. しかし, WWW では, URL というアドレスを指定してそこにたどり着くが, URL はコンピュータ上のファイルそのものを差しているわけで, ファイルが更新されたり, 場所が移動されたりしてしまえば, その情報にたどりつけなくなるということも事実起こっている. そのようなわけで WWW もさらに改良が加えられていくことは間違いない.

さて最後にパーソナル・コミュニケーションについてであるが, これは前の節でも話したように携帯情報端末が発達すると思われる. そして, ネットワーク型のコンピュータの普及は, 電子メールにより従来の電話, FAX の必要性を少なくするであろう. 場合によっては, 音声メールとか映像メールも発展するかもし

れないが，必然性はあまり感じない．実際，電話で用を済ますか，電子メールにするか迷うときがある．電話だと必ずしもそのときに相手がいるとは限らないが，電子メールはそれを心配する必要がないからである．ただし，感情を含めて伝えたいときは，やはり電話のほうがベターであることも確かである．よって電話はなくなるとは思わないが，手紙，FAXなどは完全に電子メールで代用できると思われる．学生へのアンケートでは，手書き文字で書かれた手紙の方が暖かみがあって好ましいという意見が多いのであるが，一日に届く手紙のうちで手書きのものと印刷物を比べるといったいどちらが多いであろうか．

おわりに

　マルチメディア技術は我々の生活と密接に関係しており，その結びつきは，ここ数年の間にますます強くなってきている．

　今ではテレビがなくてもインターネットから，ビデオ配信のニュースを好きなときに見ることができる．携帯電話で今いる位置や行きたい場所の情報をナビゲートしてもらえる．また，世界の街角に設置されたテレビカメラからはリアルタイムにその街の様子や気象情報がインターネットで提供されている．ビデオ配信や音楽配信といったことは，次世代のモバイル通信の重要なキーワードでもある．すでに，電子ショッピングや，ホテル，航空券の予約といったことは多くの人々が体験したにちがいない．音声認識技術や自立型ロボットも実用化の域に達し始めた．小さい頃夢見た21世紀の世界はもはや現実になってしまったかのようである．

　21世紀最初のミレニアム年にこの改訂第2版が出版できる運びとなったことは，著者の大きな喜びである．先人たちが21世紀を目指して実現した夢に続き，若い世代による22世紀に向けた新たな夢の実現に，この本が多少なりとも役に立つことができれば，著者の望外の幸せである．

参 考 文 献

■ 全般的
1) 中嶋正之ほか：マルチメディア工学, 昭晃堂, 1994.
2) Bove & Rhodses, スタジオ・アンビエント訳：Macintosh マルチメディアハンドブック, ビー・エヌ・エス, 1992.
3) 坂井利之編著：マルチメディア情報処理ネットワーク絵とき読本, オーム社, 1989.
4) 浜田俊宏：マルチメディア報告 95 年版 現状はここまで来た, イースト・プレス, 1995.
5) 佐藤登, 萩原弘行：やさしいマルチメディア, オーム社, 1995.
6) マルチメディアソフト振興協会編：マルチメディア白書1994, マルチメディアソフト振興協会, 1994.
7) 前野和久：この一冊でマルチメディアのすべてがわかる！, 三笠書房, 1994.
8) 大山繁樹：特集マルチメディア情報システム, 日経情報ストラテジー, Vol. 11, p. 53, 1994.
9) 藤原洋：マルチメディア技術のすべて, $Interface$, Jan./Feb. p. 100, 1996.
10) 中村行宏：テレエデュケーションサービスとその構築技術, $NTT\ R\ \&\ D$, Vol. 45, No. 2, p. 122, 1996.

■ デジタル信号処理
11) 今井聖：音声認識, 共立出版, 1995.
12) A. V. Oppenheim, R. W. Schafer, 伊達玄訳：ディジタル信号処理（上）（下）, コロナ社, 1978.
13) 加藤茂夫：画像データの基礎知識, インターフェース, p. 132, Dec. 1993.
14) 遠藤俊明：カラー静止画像の国際標準符号化方式, インターフェース, p. 160, Dec. 1991.
15) 稲蔭正彦：マルチメディア時代の画像圧縮, インターフェース, p. 223, Dec. 1991.

■ 画像処理全般
16) 鳥脇純一郎：画像理解のためのディジタル画像処理（Ⅰ）, 昭晃堂, 1996.
17) 村上伸一：画像処理工学, 東京電機大学出版局, 1996.
18) 田村秀行：コンピュータ画像処理入門, 総研出版, 1985.
19) 精密工学会画像応用技術専門委員会：画像処理応用システム―基礎から応用まで―, 東京電機大学出版局, 2000.

■ 画像検索
20) 倉掛正治, 桑野豪, 新井啓之, 小高和己：認識技術を用いた映像中キィターゲットインデクシングの検討, 電子情報通信学会研究会資料, PRU 95-237, pp. 15-20, 1996.
21) 美濃導彦：知的映像メディア検索技術の動向, 人工知能学会誌, Vol. 11, No. 1, pp. 3-9, 1996.

■ 画像符号化

22) 安田浩, 渡辺裕：ディジタル画像圧縮の基礎, 日経 BP 出版センター, 1996.

■ 文字認識全般

23) R. O. Duda and P. E. Hart：Pattern Classification and Scene Analysis, John Wiley & Sons, 1973.

24) K. Fukunaga：Introduction to Statistical Pattern Analysis, Academic Press, 1990.

25) 橋本新一郎：文字認識概論, 電気通信協会, 1982.

26) 森俊二：文字・図形認識技術の基礎, エレクトロニクス文庫 23, 電子雑誌エレクトロニクス, 昭和 58 年 6 月号付録, オーム社, 1983.

27) 鳥脇純一郎：認識工学, コロナ社, 1993.

28) 船久保登：視覚パターンの処理と認識, 啓学出版, 1990.

29) 森健一：パターン認識, 電子情報通信学会, 1993.

30) 石井健一郎：パターン認識, オーム社, 1998.

31) 中野康明：文字認識・文書理解の最新動向, 電子情報通信学会誌, Vol. 83, No. 1, pp. 64-68, 2000〜Vol. 83, No. 6, pp. 467-471, 2000.（一連の講座である）

■ 文字認識関連（論文）

32) 岡隆一：セル特徴を用いた手書き漢字の認識, 電子通信学会論文誌, Vol. J 66-D, No. 1, pp. 17-24, 1983.

33) 萩田紀博, 内藤誠一郎, 増田功：外郭方向寄与度特徴による手書き漢字の識別, 電子通信学会論文誌, Vol. J 66-D, No. 10, pp. 1185-1192, 1983.

34) 鶴岡信治, 栗田昌徳, 原田智夫, 木村文隆, 三宅康二：加重方向指数ヒストグラム法による手書き漢字・ひらがなの認識, 電子情報通信学会論文誌, Vol. J 70-D, No. 7, pp. 1390-1397, 1987.

35) 小高和己, 荒川弘熙, 増田功：ストロークの点近似による手書き文字のオンライン認識, 電子通信学会論文誌, Vol. J 63-D, No. 2, pp. 153-160, 1980.

36) 小高和己, 若原徹, 増田功：筆順に依存しないオンライン手書き文字認識アルゴリズム, 電子通信学会論文誌, Vol. J 65-D, No. 6, pp. 679-686, 1982.

37) 若原徹, 小高和己, 梅田三千雄：選択的ストローク結合による画数・筆順に依存しないオンライン文字認識, 電子通信学会論文誌, Vol. J 66-D, No. 5, pp. 593-600, 1983.

38) M. Hamanaka, K. Yamada and J. Tsukumo：On-Line Japanese Character Recognition Experiments by an Off-Line Method Based on Normalization-Cooperated Feature Extraction, Proc. of 2nd ICDAR '93, pp. 204-207, 1993.

39) 木村義政, 森稔, 小高和己：ハンディ型パーソナルペン入力インターフェイス, 電子情報通信学会研究会資料, HIP 96-15, pp. 81-86, 1996.

40) 内藤誠一郎：重心線による手書き英数字記号認識, 電子通信学会論文誌, Vol. J 61-A, No. 8, pp. 714-721, 1978.

41) 山田博三, 斎藤泰一, 山本和彦：線密度イコライゼーション—相関法のための非線形正規化法,

電子通信学会論文誌, Vol. J 67-D, No. 11, pp. 1379-1383, 1984.

42) 津雲淳：方向パターンマッチング法の改良と手書き漢字認識への応用, 電子情報通信学会研究会資料, PRU 90-20, pp. 35-42, 1990.

43) 梅田三千雄：マルチフォント印刷漢字認識のための粗分類, 電子通信学会論文誌, Vol. J 62-D, No. 11, pp. 758-765, 1979.

44) 中野康明, 中田和男：周辺分布とそのスペクトルによる漢字の認識, 電子通信学会論文誌, Vol. J 56-D, No. 3, pp. 146-153, 1973.

45) 増田功：幾何学的特徴に着目した手書き片仮名文字の機械認識, 電子通信学会論文誌, Vol. 55-D, No. 10, pp. 638-645, 1972.

46) H. A. Glucksman: Classification of Mixed-font Alphabetics by Characteristic Loci, IEEE Computer Conf., pp. 138-141, 1967.

47) 小森和昭, 川谷隆彦, 石井健一郎, 飯田行恭：特徴集積による手書き片仮名文字の認識, 電子通信学会論文誌, Vol. J 63-D, No. 11, pp. 962-969, 1980.

48) 吉田真澄, 岩田清, 山本栄一郎, 桝井猛, 蕪山幸和：全手書き文字の認識システム―反射法による手書き文字認識, 情報処理, Vol. 17, No. 7, pp. 595-602, 1976.

49) 飯島泰三：パターン認識理論, 森北出版, 1989.

50) 池田正幸, 田中英彦, 元岡達：手書き文字認識における投影距離法, 情報処理学会論文誌, Vol. 24-1, No. 1, pp. 106-112, 1983.

51) Y. Kimura, T. Wakahara and K. Odaka: Combining Statistical Pattern Recognition Approach with Neural Networks for Recognition of Large-Set Categories, Proc. of ICNN '97, pp. 1429-1432, 1997.

52) 迫江博昭, 千葉成美：動的計画法を利用した音声の時間正規化に基づく連続単語認識, 日本音響学会誌, Vol. 27, No. 9, pp. 483-490, 1971.

53) 小高和己, 荒川弘煕, 石井明：オンライン入力漢字の特徴記述法の検討, 電子通信学会研究会資料, PRL 77-58, pp. 49-58, 1978.

54) 中島直樹, 宮原末治, 若原徹, 小高和己：マルチメディア端末用手書き入力インターフェイスとその応用, 電子情報通信学会論文誌, Vol. J 79-D-II, No. 4, pp. 592-599, 1996.

55) 美濃導彦：文書画像処理の現状と動向, 電子情報通信学会誌, Vol. 76, No. 5, pp. 502-509, 1993.

56) 小高和己, 若原徹, 橋本新一郎：オンライン手書き文字認識装置―日本語ワードプロセッサーへの応用, 電子通信学会研究会資料, EC 81-20, 1981.

57) 相澤博, 若原徹, 小高和己：複数のストローク特徴を用いた手書き文字列からの実時間文字切りだし, 電子情報通信学会論文誌, Vol. J 80-D-II, No. 5, pp. 1178-1185, 1997.

58) 木村義政, 小高和己, 鈴木章, 佐野睦夫：携帯型ペン入力インターフェース用個人辞書の学習, 電子情報通信学会論文誌, Vol. J 84-D-II, No. 3, pp. 509-518, 2001.

■ 大容量記録媒体

59) Ash Pahwa, CD-R 研究会訳：CD-Recordable バイブル, ソフトバンク, 1994.

60) 寺尾元康ほか：光メモリの基礎, コロナ社, 1990.
61) 石川義和, 三浦登編：磁性物理学とその応用, 裳華房, 1982.
62) 高尾正敏：ビデオレコーディングの話, 裳華房, 1989.
63) 田崎明：磁気がひらく未来, 裳華房, 1990.
64) 坪井泰住, 日比谷孟俊：磁気光学の最前線, 講談社, 1989.
65) 大友義郎：光ディスク, 丸善, 1990.
66) 竹ヶ原俊幸ほか：ディジタルオーディオ, コロナ社, 1989.
67) 村田欽哉：DCC・MDガイドブック, 電波新聞社, 1993.
68) 中島平太郎, 小高健太郎：図解DAT読本, オーム社, 1988.
69) 浅沼満：NとSの世界, 東海大学出版会, 1977.
70) パイオニア(株)監修：レーザーディスクテクニカルブック, アスキー出版局, 1986.
71) 植松健一, 一ノ瀬昇：磁気材料の革命, 工業調査会, 1985.
72) 佐藤勝昭：光と磁気, 朝倉書店, 1988.
73) 八橋龍洋, 岩井五郎：CD-ROMのフォーマット詳細, Interface Apr., p. 128, 1996.
74) 押木満雅：MRヘッド, 固体物理, Vol. 31, No. 9, p. 61, 1996.

■ コンピュータ・グラフィックス

75) 日本図学会編：CGハンドブック, 森北出版, 1989.
76) 佐藤幸悦：フラクタルグラフィックス, ラッセル社, 1989.
77) 川合慧：基礎グラフィックス, 昭晃堂, 1985.
78) Silicon Graphics, Inc. 編, アジソン・ウエスレイ訳：OpenGL Reference Manual（日本語版）アジソン・ウエスレイ・パブリッシャーズ・ジャパン, 1993.

■ ネットワーク

79) 三宅功編著：絵ときATMネットワークバイブル, オーム社, 1995.
80) 浦野義頼：マルチメディア通信入門, オーム社, 1992.

■ インターネット

81) Ed Krol, 村井純監訳：インターネットユーザーズガイド, インターナショナル・トムソン・パブリッシング・ジャパン, 1994.
82) T. LaQuey, J. C. Ryer, 鈴木摂訳：Internetビギナーズガイド, トッパン, 1993.
83) P. E. Hoffman, ハイテックライツ訳：インターネット・クイック・リファレンス, ジャストシステム, 1994.
84) 有我成城ほか：Java入門, 翔泳社, 1996.
85) 戸田愼一ほか：インターネットで情報探索, 日外アソシエーツ, 1994.

■ 電子ジャーナル

86) 紀伊國屋書店編：ELECTRONIC JOURNALS CATALOG, 4th Edition 1998/1999.

索引

英数字

AC 係数　*67*
ADCT　*14*
ADPCM　*14*
ADSL　*165*
AESOP　*63*
ambient　*86*
API　*95*
archie　*133*
ARPANET　*123*
ascii　*129*
ATA カード　*121*
ATIS　*189*
ATM　*162*
ATRAC 方式　*15*
AUI　*23*
AUP　*124*
AVI 方式　*74*

BBS　*127*
B-ISDN　*163*

CATV　*188*
CBR　*29*
CCITT　*74*
CD　*12*, *15*, *169*
CD-DA　*170*
CDDI　*162*
CD-I　*170*
CD-ROM　*169*, *170*
CD-V　*171*
CD-XA　*171*
CG　*82*
CIF　*74*
Cinepak　*74*
CIX　*124*
CLV　*169*
CMY　*87*
CSCW　*78*
CSG　*88*
CSMA/CD　*160*
CSNET　*124*

CU-SeeMe　*78*, *80*

DAT　*16*
DCC　*16*
DCT　*14*, *67*
DCT 係数　*67*
DC 係数　*67*
diffuse　*86*
DPCM　*67*
DP マッチング　*21*
DP マッチング法　*60*
DSU　*164*
DVD　*72*, *75*, *121*
DVD+RW　*121*
DVD-Audio　*77*
DVD-R　*121*
DVD-RAM　*119*, *121*
DVD-Video　*77*

ETC　*190*
Ethernet　*160*
EUC　*9*
e ブック　*173*

FDDI　*162*
FEP　*46*
ftp　*128*
FTTH　*163*

GIF　*69*
GIGAMO　*120*
GKS　*83*
GL　*83*
Glucksman の方法　*55*
GPS　*189*
GUI　*23*

High Sierra フォーマット　*171*
HLS 表現　*87*
HMM　*21*
HTML　*96*, *136*, *185*
http　*137*
Hue　*87*

IANA　*135*
IDEAL　*186*
IEBPC　*170*
IMT-2000　*191*
Indeo　*74*
InterScience　*186*
ISDN　*163*
ISO 10646　*9*
ISO 9660　*171*
IT　*178*
I ピクチャ　*73*

Java　*83*, *95*
Java 言語　*95*
Jaz　*119*
JDK　*95*
JFIF　*69*
JIS　*9*
JPEG　*66*

Kirsch　*40*
k 近傍決定則　*58*

LAN　*159*
Laplacian　*40*
LD　*12*
Lightness　*87*
LINK　*186*

Mathematica　*84*
MathML　*158*
MD　*15*
MD-DATA　*119*
MHEG　*1*
MIDI　*20*
MIME　*126*, *135*
MJPEG　*75*
MMC　*122*
MP3　*17*
MPEG　*17*, *72*
mpeg_play　*75*
MPEG-1　*73*
MPEG-2　*73*

索引

MPEG-7　73

NSF net　124
NTSC　71
NTSC 方式　4

OCR　45
OLCR　45
OPAC　174
OpenGL　83
OpenInventor　83, 96

PAL　71
particle モデル　89
PASC 方式　16
PBM　71
PCM　11
PCM 音源　20
PCM 変調　11
PC-RW　121
PD　119
PDA　46
PDF　185
PGM　71
PHIGS　83
PIAFS　192
PICT　70
PNG　70
PPM　71
PPP　165
Prewitt　40
P ピクチャ　73

QCIF　74
QuickTime　74
QuickTime Conferencing Kit　79

RAM　121
Red Book　170
RGB モード　86
Roberts　40
ROM　106

Saturation　87
Science Direct　186
SD カード　122
SGML　158
Shockwave　95
ShowMe　78
SJIS　9
Sobel　40

Solid モデル　88
Sparkle　75
specular　86
SSI　138
Surface モデル　84

telnet　127
TIFF　70

Unicode　9
URI　138
URL　96, 136
UTP　161
UTP-5　162

VICS　189
Video 1　74
VideoPhone　79
VOD　72, 187
VRML　84, 96

WAN　162
WWW　134

xanim　75
XBM　70
XML　158

Yellow Book　170

Zip　119
Z バッファリング　85

1 次変換　35
24 ビットカラー　65, 86
4 連結(近傍)領域　42
8 連結(近傍)領域　42

あ 行

圧縮　130
厚み損失　104
アナログ情報　4
アニメーション　83
アフィン変換　35
アプレット　95
アモルファス相変化型　106
アルミニウム反射膜　104

位相構造化特徴　55
位置の正規化処理　50
移動平均法　37

異方性物質　114
医用画像処理　29
イントラネット　135
隠面処理　84

動き補償予測　73

エッジの検出　38
エンコード　4
円偏光　109

大きさの正規化処理　50
オペレータ　38
折り返し　33
音響情報　10
音声合成　19
音声情報　10
音声認識　21
音声理解システム　22
オンライン文字認識方式　45

か 行

カーナビゲーションシステム　189
外郭方向寄与度特徴　56
階層モデル　22
回転　90
書換可能型　106
可逆符号化　66
角形比　103
拡散光　86
学習　57
学習パターン　48
拡大・縮小　91
隠れ Markov Model　21
加重方向指数ヒストグラム特徴　56
加重マトリクス法　37
加色混合法　87
画像圧縮　65
画像解析　27
画像情報処理　25
偏らない光　108
カテゴリ　43
カラーマップ　86, 87
環境光　86
関西学研都市　188
観測部　46

幾何学的特徴　54
幾何学的変換　35
疑似カラー表示　35

索　引

希土類-遷移金属アモルファス合金　111
基本ストローク特徴　60
キュリー温度　109
狭義の画像処理　27
教師信号　59
強磁性体　99, 109
共振周波数　21
共分散行列　51, 59
記録媒体材料　102

空間フィルタリング処理　36
グーローシェーディング　85
クラス　43
クラスの構造解析　53
クリアビジョン放送　71

携帯型情報端末　46, 63
減色混合　87

光学活性　112
光学的文字認識方式　45
広義の画像情報処理　26
光強度変調方式　110
硬磁性体　101
構造の種類　53
高透磁率材料　101
高度な画像処理技術　28
高能率符号化方式　67
コード化　4
誤差逆伝播法　59
孤立雑音除去処理　36
コンパクトフラッシュ　122
コンピュータグラフィックス　28, 82

さ　行

サイエンティフィックビジュアライゼーション　82
最急降下法　59
最小可聴レベル　16
最小記録単位　102
最大事後確率法　58
最短距離分類法　58
最短記録波長　101, 102
彩度　87
サイバースペース　96
最尤推定法　57
最尤法　58
雑音除去処理　50
差分PCM　67

残留磁化　100
シアニン色素　106
シーケンシャル・ビルトアップ方式　66
磁気カー効果　111, 112
磁気記録　98
色相　87
識別関数　56
識別処理　43, 47
識別論理法　48
磁気ヘッド　98, 100
磁区異方性　102
自己減磁　103
自己相関行列　59
自己相似性　93
辞書　48
磁性カー効果　113
磁性体　102
自然光　108
自然旋光性物質　112
自発磁化　100
磁場変調方式　110
シャノンの標本化定理　13
収縮処理　37
周波数　12
周辺分布特徴　52
条件付危険　57
情報圧縮技術　17
情報理論　25
神経回路網　57
人工知能　28
シンセサイザ　20

垂直磁化　113
スーパーディスク　120
スキャナ　45
ストローク結合法　62
スマートメディア　122
ずれ変換　92

セル特徴　55
鮮鋭化処理　34
旋光性　112
選択的局所平均化法　37
線分の検出　40

走査線方式　4
側抑制機構　34
損失関数　57
ゾンデ法　46

た　行

ダイナミックレンジ　33
大分類処理　47
ダブルバッファ　89
タブレット　45
単一磁区構造　102
単純マッチング法　21
単純領域拡張法　42
単純類似度法　58

知識処理　47
帳票処理システム　62
直線偏光　108

追記型　106
通信工学　25

手書き変形メカニズム　64
適応DCT　14
適応差分PCM　14
テクスチャの検出　43
テクスチャマッピング　93
デコード　18
デジタルFM音源　20
デジタル情報　4
デジタル信号方式　11
デジタルライブラリ　175
デスクトップ会議システム　78
テレビ電話　189
点近似特徴　60
電子会議システム　78
電子ジャーナル　185
電磁波　107
電子ブック　170
電子メール　126

統計的仮説検定法　42
統計量　57
動的計画法　60
等方性物質　114
特徴　44
特徴空間　47
特徴選択処理　47
特徴抽出処理　47
特徴の記述法　53
特徴の抽出領域　53
飛び越し走査　71
トラック幅　104

索　引

な 行

ナイキストの定理　13
軟磁性体　101

認識アルゴリズム　45

ネール温度　109
ネットニュース　127
ネットワークモデル　22

濃度勾配の検出　40
濃度ヒストグラム　33
濃度変換　33
ノンパラメトリック学習　57

は 行

パーセプトロン　57
バーチャルリアリティ　82
ハイミュー材料　101
波形符号化　14
波形編集合成　19
パターン　43
パターン空間　47
パターン認識　28
場の効果法　55
ハフ変換　41
ハフマンコード　17
パラメータ推定問題　57
パラメータ符号化　14
パラメトリック学習　57
パワースペクトル　36
反射光　86
反射線分特徴　55
バンプテクスチャマッピング　93

光磁気記録材料　114
光磁気効果　113
光磁気ディスク　107
光の回折　105
光の干渉　105
ヒステリシス　100
非線形正規化処理　50
非相反性　112

ピット　104
ピット間隔　104
ビデオ・オン・デマンド　187
標本化周波数　13
標本化処理　31
標本化定理　33

ファラデー効果　112
フーリエ変換　36
フェリ磁性体　99，109
フォトミック材料　106
部分空間　51
部分空間法　59
フラクタル　94
ブラックボードモデル　22
フラッシュメモリ　121
ブラブ　89
プログレッシブ・ビルトアップ方式　66
フロッピーディスク　115
プロトタイプ　48
文書・図面認識　29
文書処理システム　62
分析合成　19

平滑化処理　37
平行移動　91
ベイズ学習法　57
ベイズ決定側　57
ベースラインプロセス　67
ペリフェラル特徴　52
偏光　108
ペンコンピュータ　63

方向寄与度特徴　56
方向系列特徴　60
膨張処理　37
飽和磁化　100
ポーラーカー効果　113
保磁力　100
ポリゴン　84
ホルマント分析　21

ま 行

マイクロドライブ　122

マイクロフォンの原理　101
前処理　46
マスキング効果　16
マッチング法　48
マッハ効果　34
マルチメディア　1

未知パターン　48

明度　87
メタボール　89
メッシュ特徴　52
メディア　1
メディアプレーヤー　75
メディア変換　62
メディアンフィルタ法　37

モーフィング　92
文字コード　9
文字情報　9
文字認識方式　45

や 行

郵便区分機　45

ら 行

ラプラシアン　39
ラベリング処理　42

離散コサイン変換　14，67
リムーバブルHDD　118
リモートセンシング　29
領域の検出　42
量子化誤差　33
量子化雑音　13
量子化処理　31

レイトレーシング　85

六方最密構造　113

わ 行

ワイヤフレームモデル　84

〈著者紹介〉

松本　紳（まつもと　まこと）
- 学　歴　慶應義塾大学工学部卒業(1978)
　　　　　慶應義塾大学大学院博士課程修了(1984)
　　　　　工学博士(1984)
- 職　歴　図書館情報大学助手(1984)
　　　　　英国ウォーリック大学客員研究員(1988-1990)
　　　　　図書館情報大学助教授(1991)
　　　　　同教授(2001)
　　　　　筑波大学教授(2002)

小髙　和己（おだか　かずみ）
- 学　歴　工学院大学電子工学科卒業(1972)
　　　　　千葉大学大学院工学研究科電気工学専攻修士課程修了(1975)
　　　　　工学博士(1985)
- 職　歴　日本電信電話公社入社(1975)
　　　　　NTT基礎研究所主幹研究員(1986)
　　　　　NTTヒューマンインタフェース研究所グループリーダ(1994)
　　　　　図書館情報大学教授(1997)
　　　　　筑波大学教授(2002)

マルチメディアビギナーズテキスト　第2版

1997年5月10日　第1版1刷発行	著　者　松本　紳
2001年4月20日　第2版1刷発行	小髙　和己
2004年3月20日　第2版3刷発行	
	発行者　学校法人　東京電機大学
	代表者　丸山孝一郎
	発行所　東京電機大学出版局
	〒101-8457
	東京都千代田区神田錦町2-2
	振替口座　00160-5-71715
	電話　(03)5280-3433(営業)
	(03)5280-3422(編集)
印刷　三美印刷㈱	© Matsumoto Makoto
製本　渡辺製本㈱	Odaka Kazumi　1997, 2001
装丁　高橋壮一	Printed in Japan

＊無断で転載することを禁じます。
＊落丁・乱丁本はお取替えいたします。

ISBN4-501-53310-2　C3055